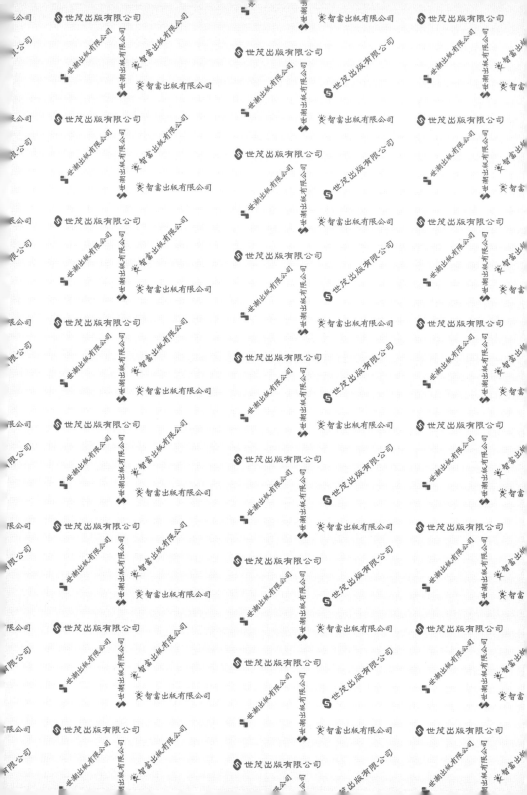

愛犬精選

柴犬
教養小百科

和矯健機靈的柴犬一起快樂地生活

監修●吉田賢一郎　攝影●中島真理

對日本人來說，柴犬正是狗狗的代名詞。而道道地地的日本柴犬，自古以來即以最佳拍檔之姿，成為日本人熟悉的犬種；經過長期的相處，「日本人的狗狗」這種觀念早已根深蒂固於每個人心中。在這種歷史、矯健與質樸外貌、忠實與忍耐力超強特質的吸引下，很多人都會對牠戀戀不捨或心生親切之感。即使在各種外來犬種被引進日本的今天，柴犬依然歷久不衰保有一定的支持度。再者，在海外地區，柴犬的人氣也凌駕秋田犬，年年深受好評。

序

既是日本道地的狗狗，柴犬的體型與特質自然也符合日本的風土，個性十分聰慧又容易飼養。只要飼主用心教養關愛牠的話，和柴犬一起生活的日子，必是充滿著喜悅與幸福。

本書除了詳加介紹柴犬的魅力外，還以深入淺出的說明讓初次飼養柴犬的人，充分了解這種犬種的特性或適當的教養方法。希望透過本書可以讓柴犬的愛好者，增加與愛犬交流溝通的機會，培養更親密的情感。

吉田賢一郎

柴犬教養小百科

CONTENTS

序 …… 2
萬中選一的摯愛！柴犬 …… 6
潛藏於結實身軀中的人氣秘密為何？ …… 12
除了八成比例的紅色，還有其他各式各樣的毛色 …… 16
column1 日本犬為何「速配」日本人呢？ …… 18

第1章 探索柴犬深具人氣的秘密

凝聚日本犬優點的柴犬為首屈一指的人氣王 …… 20
日本犬的代表－威嚴、質樸具有野性美的柴犬 …… 22
體質強健也是飼養上的重點 …… 24
養在室內或室外都OK的柴犬 …… 26
column2 在許多國家具有高度人氣的柴犬 …… 28

第2章 忠心耿耿善解人意的柴犬

去哪裡購買可以長久相處的幼犬？ …… 30
配合家裡生活型態的飼養方法 …… 32
狗狗受不受教取決於飼主的態度 …… 34
多頭飼養要優先考量先養的狗狗 …… 36
制定符合生活模式的規範 …… 38
到家的那一天先讓幼犬好好休息 …… 40
column3 事先要準備好的幼犬用品 …… 42

第3章 讓柴犬變聰明的訓練法

幼犬期（兩個月～六個月）的成長標準
從幼犬期開始如廁訓練……44
室內或室外都充滿危險性……46
完成晶片登記與疫苗注射……48
幼犬期（兩個月～六個月）的飲食
何謂營養均衡的飲食？……50
幼犬期（兩個月～六個月）的運動
可從住家附近開始散步……52
青年期～成犬期（六個月～二歲半）的成長標準
六個月大以後體型更像成犬……54

CONTENTS

青年期～成犬期（六個月～二歲半）的飲食
最方便使用的狗糧……56
狗狗最愛的菜單……58
青年期～成犬期（六個月～二歲半）的運動
每天運動讓狗狗消除壓力……60
老狗期（七歲以後）
老狗的飲食要特別注意熱量……62
柴犬會客室 CHAT ROOM……64
柴犬心情二三事！……66

第4章 加深柴犬與人之間的情感課題

訓練的根本構築於信賴關係上……72
讚美與斥責的方法……74
如廁的訓練……76
吃飯時間的訓練……78
過來的訓練……80
進去狗屋的訓練……81
散步的訓練……82
狗狗坐車時的訓練方法……84
狗狗看家的訓練……86
從幼犬期就要改掉牠的壞習慣……88
狗狗的犬展處女秀……92
column4
柴犬容易發福嗎？愛犬肥胖指數檢查法……94

第5章 給狗狗全方位的照顧

讓狗狗習慣被人撫摸……96
整理皮毛讓狗狗釋放壓力……98
定期洗澡保持皮膚的清潔……100
耳、眼、齒、肛門、爪的照顧……104
和喜歡運動的柴犬盡情嬉戲……106
預約狗狗可以投宿的旅館……108
我家的小寶貝超讚！飼養柴犬的建議……110

第6章 可愛的柴犬寶寶誕生了

想讓母狗生小狗的話……116
懷孕期的母狗更需要細心的呵護……118
從陣痛到幼犬的誕生……120
幼犬委由母狗照顧飼主一旁守護……122
column5
有關狗狗的絕育手術……124

第7章 希望狗狗永遠健健康康

選擇口碑佳有愛心的獸醫……126
一發現異於往常的話……128
狗狗專用的急救箱……130
強健的柴犬需要特別留意的疾病……132
column6
狗狗走丟了怎麼辦？……134

第8章 你所不知道的柴犬

柴犬的起源……136
社團法人日本育犬協會……138
社團法人日本犬保存協會……141
天然紀念物柴犬保存協會……142
天然紀念物柴犬研究協會……143

隨時隨地如影相隨的幼犬，正在商量待會要去哪裡玩呢？

萬中選一的摯愛！

柴犬

機靈、忠實又勇敢的人氣狗狗！

呼……有點累了……
這裡到底是哪裡啊？

前面似乎有甚麼東西……？
天氣這麼棒，出去蹓躂也不
錯啦！

「我們去那裡玩好
不好？」「嗯！這
個主意聽起來不錯
……」

小小的身軀潛藏著無限的活力，或跳或跑的姿態常令人讚嘆不已。看著幼犬們相互嬉戲、追逐的身影，經常讓人忘了時間的存在。

對任何事物都充滿好奇心的幼犬，即便只看到玩具或拖鞋，也會發出可愛的聲音吠吠看；確定對方沒有反應，再放心地上前咬一咬……調皮極了！

在散步途中發現一隻小可愛！「喂……你打哪裡來的啊？！」

「我們一起去玩好不好？我有一個秘密基地喔！」

「你是不是跟媽媽走散啦？我陪你一起去找好不好？！」

萬中選一的摯愛！

柴犬

找到媽媽了……太
好了！太好了！

好羨慕喔！我也好
想找媽媽呢！

幼犬玩累了正想休息一會，但一聽到怪聲音或聞到異味，就馬上出現反應。因為在人們眼中微不足道的事物，對牠們來說，卻是非常重要的事呢！

只要用心凝視，天真浪漫、無憂無慮的幼犬世界，會悄悄地進駐現代人紛擾不安的心底，讓人們獲得片刻的安寧。

「你好！常來這裡嗎？可不可以跟我一起玩？」

走在滿地的落葉上，別有一番感受。

萬中選一的摯愛！

柴犬

「我好累喔！可不可以揹揹我……？拜託啦！」

充滿天然氣息的落葉，聞起來真是舒服！

短小的四肢伸個懶腰，展現結實的身軀，熟睡的模樣可愛至極。這時的幼犬，看起來好像活生生的絨毛玩具。

何時何地都充滿驚喜的幼犬世界，讓人看了心曠神怡，彷彿整個心靈與肉體都煥然一新。不管是明天或後天，幼犬世界都是不容錯過的戲碼。

全面大放送兼具日本犬威嚴與氣質的柴犬魅力！

潛藏於結實身軀中的人氣秘密為何？

坦率質樸的

個　性

質樸、忠心，只願跟家人親近的性格，是飼主無法招架的魅力。喜歡乾淨容易教養的柴犬，與日本人可說是相當「麻吉」。

對家人忠心的柴犬，對外人卻有些冷淡——這也正是日本犬特有的魅力吧！

警戒心強的柴犬，是一隻盡責的看家犬。

柴犬的人氣秘密或許是，身為一隻日本犬該有的威嚴、質樸、正直與忠心吧！

又酷
又俊俏的

臉 蛋

幼犬期看似天真浪漫的柴犬，隨著一天天成長茁壯，也會呈現出深思熟慮的睿智神情。

翹立的

三角耳

與頭部的形狀十分搭配的三角形立耳，由側面看感覺有點前傾，微微抽動耳朵的模樣十分可愛。

緊密結實的嘴巴

下顎渾厚，有點圓形感的嘴巴，配上緊密的雙唇，表現出堅強的意志力。

漆黑光亮的鼻子

溼潤有光澤又漆黑的鼻子，加上堅挺的鼻樑，呈現絕佳的氣質。

十分有氣勢感的雙眸

眼睛稍顯深邃，呈三角形，眼尾上揚；眼睛為深褐色。

捲曲翹立的尾巴

柴犬大多是渦捲尾，但也有極少數屬於鐮刀尾。皮毛蓬鬆的臀尾內側為白色，若將尾巴向下拉，末端可及飛節（相當於人類的腳後跟）。

四肢 穩健有力的

前肢與身體同寬，筆直堅挺；後肢的大腿發達緊實。挺立於大地的英姿，彷彿世界唯我獨尊。

表層密實 裡層柔軟的 雙層毛

筆直稍硬的短毛，讓柴犬不需怎麼整理也保有漂亮的外表。其表層毛又硬又直，裡層毛卻柔軟綿密，一般的毛色為紅、黑與胡麻色。

除了八成比例的紅色，還有其他各式各樣的毛色

介紹紅色之外的毛色與胡麻色・黑色柴犬。

紅色

「柴犬」的名字來源眾說紛紜，甚至有人認為是「因其毛色類似薪柴乾枯的顏色」；紅色是最受歡迎的毛色。

柴犬與陽光相互輝映的英姿

主要的毛色有紅、胡麻和黑色三種

一提到柴犬，很多人馬上聯想到彷彿剛烤過的吐司般的亮褐色，這種毛色在柴犬的犬種標準中稱爲「紅色」，事實上約有八成的柴犬都是這種毛色。

除了占多數的紅色外，還有少數爲「胡麻色」或「黑色」毛色；其中的「胡麻色」還混合了紅、白、黑三種毛色呢！

這裡所謂的「黑色」毛色，不同於西洋犬有光澤感的漆黑色，而是如鐵銹般乾爽的黑色，眼睛上面還綴有淡紅色的標記。

柴犬除了主要毛色外，身體各部位還出現淡色調的毛色，並非單一色系。

胡麻色

混合了紅、白、黑三種毛色；如全身偏黑稱為「黑胡麻色」，全身偏紅稱為「紅胡麻色」。

雖是三毛色的混合皮毛，但末端還是有淡紅色。

黑色

這是如鐵銹般乾爽的黑色，而非有光澤的漆黑色或巧克力色，而且全身並非單一黑色，眼睛上面或裡面白的部分還綴有淡紅色。

不同於一般人認知的黑色柴犬，一樣英姿煥發。

從正面看，腹部也有白色皮毛。

裡面白為柴犬的特徵

不論是哪一種毛色的柴犬，仔細一看會發現身體各部位呈現濃淡不一的顏色。從臉頰經顎下到頸部，與胸口、腹部、四肢內側和尾巴裡面，都呈現近似白色的淡毛色。這稱為「裡面白」，是柴犬最大的特徵。

「黑色」柴犬的尾巴內側，呈現近似白色的淡毛色。

column 1

日本犬為何「速配」日本人呢？

大概就是這副質樸、精悍的模樣，才讓日本人一提到狗狗就想到柴犬吧？！

柴犬的根源起自古繩文時代

日本犬的歷史十分悠久，從繩文時代的遺跡即可發現犬隻的骸骨。由牠如守護著人類骸骨的埋葬方式來看，彷彿可以感受到繩文時代的人類和狗狗間的親密情感。這時挖掘出的犬隻骸骨，屬於繩文時代的前期，身高約爲三十七～四十一公分，大小類似現代的柴犬。

再者，我們由彌生時代遺跡所挖掘出之泥人、陶俑犬或銅鐸（古時祭器、樂器）上所描繪的家徽圖樣等，可以證實古代的日本犬，在外觀上已具有「立耳、捲尾（或鐮刀尾）」的特徵。

基於這個事實，我們甚至可以將日本犬的起源追溯自古繩文・彌生時代。長期以來，日本犬主要都被視爲獵犬或看家犬，忠心耿耿地追隨主人。

深深烙印於人心的日本犬

如果你要美國孩童「畫一隻狗狗」，大概很多小朋友都會畫出類似史奴比的垂耳狗吧！

如果是日本孩童呢？雖說目前飼養西洋犬的家庭越來越多，但只要是有點年紀的人，一被問到「狗狗」，似乎都會立即浮現「立耳、捲尾」的日本犬呢！

馳騁於山野、質樸毫無嬌氣，且對主人忠心不二的日本犬原始印象，已深植每個人的心中。

出現在童話故事中的日本犬

出現在童話故事中的日本犬，也爲日本人對狗狗的既有印象助了一臂之力。例如，知名童話故事「桃太郎」中的狗狗，最後成爲驅除惡魔的桃太郎最信賴之家臣；而「開花爺爺」中的白狗也以叫聲：「汪汪！挖這裡！」，暗示照顧牠的正直爺爺寶藏的埋藏地點。

像這些都是日本人耳熟能詳的童話故事。若要想像一隻奔馳於日本農村如詩如畫之美景中的狗狗，還是以日本犬最對味吧！而牠也正是走入日本人內心深處的狗狗呢！

第1章

探索柴犬深具人氣的秘密

第1章

凝聚日本犬優點的柴犬為首屈一指的人氣王

嬌小的身軀散發出日本犬的光輝！

具有威嚴又對飼主忠心不二的柴犬，一直擁有超高的人氣；如此煥發的英姿，博得無數人心。

從登錄隻數探知柴犬的人氣指數

走在日本街道上，常有機會邂逅和主人出來散步的柴犬。究竟日本目前有多少隻柴犬呢？根據一九九九年度柴犬登錄隻數的統計，在日本犬保存協會（一九二八年成立）有三萬零五十三隻，天然紀念物柴犬保存協會有二百隻，日本育犬協會（ＪＫＣ）則有一萬二千七百一十一隻。單是去年登錄的新面孔，就高達四萬三千隻。若將這個數目和相同年度的ＪＫＣ全犬種排名加以比較，會發現柴犬僅次於第一名的臘腸狗，位居第二呢（若只比較在ＪＫＣ的登錄隻數，則是第十二名）！由此數字可以強烈感受到日本人對柴犬的喜愛程度。

嬌小身軀卻充滿日本犬魅力的柴犬

根據日本犬保存協會的定義：「悍威、良性、質樸」正是日本犬的特質。

所謂的「悍威」是指「具氣魄與威嚴的姿態」；「良性」是指「忠實與順從」；「質樸」則是「毫無嬌氣

素雅的氣質與風格」。

在具備這些特性的日本犬中，柴犬體型算是最小的，只要好好訓練牠，不管是小孩或女性都很容易飼養，堪稱日本犬中最具人氣的狗狗。

矯健精悍的風貌、迅速敏捷的動作、忍耐力超優的性格、對家人的忠實感、對不同環境的良好適應性……，柴犬這嬌小的身軀卻凝聚了日本犬的所有魅力呢！

適應日本風土容易飼養的狗狗

相較於西伯利亞哈士奇犬這種原產自北國，難耐日本盛夏溽暑的犬種，柴犬是自古即生活在日本的狗狗。不管是日本的風土或氣候都相當習慣，即使是四季氣候的變化也能輕易地適應。

再者，柴犬的皮毛爲日本犬共有的特徵——粗硬短毛，整理上並不會特別麻煩；只要每天運動後刷一刷毛，約兩個月洗一次澡即可。尤其像柴犬屬於立耳，透氣性良好，也不需要定期清理耳朵呢！

除此之外，柴犬體質強健，不用太費心照顧，就可以自然愉快地和牠相處，當然會獲得絕佳的人氣。

柴犬名字的起源眾說紛紜

日文中的「shiba」古語為「小」的意思。有關柴犬名字的起源眾說紛紜，一說是因為牠體型嬌小，可以輕易鑽入籬笆裡；也有人說是因為牠的毛色類似枯掉的薪柴色；或者是因為牠可當作狩獵犬，輕易鑽進柴堆中捕捉獵物。

像柴犬以外的秋田犬或紀州犬等日本犬，都是根據出生地加以命名；由此可以想像柴犬的分布範圍非常廣大呢！

從很早以前就出現在日本的柴犬，與日本的風景十分協調。

日本犬的代表－威嚴、質樸具有野性美的柴犬

自古即深獲日本人寵愛的柴犬有何特性呢？

一旦飼養即難以割捨的柴犬

這個世界雖有各式各樣的犬種，但發出「如要養狗非柴犬莫屬！」這類豪語的柴犬迷還真不少呢！

「一旦你體驗到飼養柴犬的樂趣，不管是第二代或第三代的子孫要養狗，結果還是柴犬雀屏中選！」像這樣連續數代飼養柴犬者大有人在。

究竟柴犬有甚麼樣的魅力擄獲這些人的心呢？

探索柴犬的魅力

一看到柴犬，就覺得牠和大自然很對味。當牠被帶到戶外時，如風般馳騁於林間、輕輕地越過小河、渾然無倦感與大自然融爲一體……，像這種柴犬特有充滿野性感的優越運動能力，堪稱是牠讓人難以割捨的魅力之一。柴犬不只讓人覺得活潑又可愛，還渾身充滿原始氣息呢！

雖然柴犬對飼主和家人非常親近，但不至於變成嬌寵黏人的狗狗；這是因爲柴犬對自己的身分有清楚的

在大自然中讓柴犬發揮與生俱來的野性特質。

柴犬飼主常見的困擾為何？

柴犬飼主最常見的困擾是①無法和散步途中遇上的狗狗友善相處②對客人吠個沒完沒了③脾氣很固執。

由於柴犬本身深具戒心與野性，經常會表現出類似①或②的行為。如果防衛過度吠個不停，難免給附近鄰居造成困擾。所以，從幼犬期就要好好訓練牠，一聽到命令即停止吠叫的服從性。

認知。人們經常會對牠產生威風凜凜的印象，或許也是這個原因吧！

再者，柴犬有只對主人忠心，對其他人較不容易打開心房的傾向。再加上牠生性機靈，具有強烈的的警戒心，可成爲盡職的看家犬。當你接觸到忠心不二，個性規矩的柴犬，自然也會對牠釋放出全部的關愛，進而加強人犬之間的感情。柴犬聰明、善解人意又沉穩，能充分了解飼主的心情。只要從幼犬期經常與牠「對話」溝通，相信牠這些優點會越來越突顯。

當然除了這些優越的特質外，牠那優雅的容顏加上結實的身軀，更是人們難以抗拒的魅力。

所以，不管是外表或內在，質樸又具深度的柴犬，無疑是日本犬的代表。

適合養柴犬的飼主

若從別的角度看柴犬，會發現牠的魅力有時也是飼養上的缺點。像右頁專欄所說的令人頭痛的行爲，雖可透過訓練大幅改善，但柴犬畢竟是柴犬，經過長時間的繁衍與育種，有些遺傳因子早已根深蒂固，仍有不可抹滅的特質存在。柴犬生性既不文雅也不會對人或狗特別友善，如果你希望牠像黃金獵犬那般陽光的話，最好打消飼養柴犬的念頭。反倒是那些會衷心喜愛柴犬，基於發揮其優點施予適當訓練的人，比較適合當柴犬的主人。如果柴犬可以碰上這類飼主的話，那眞是莫大的幸福。

只要給予真心的關愛，柴犬會對人產生強烈的信賴感。

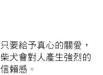

第1章

體質強健也是飼養上的重點

只要確實做好健康管理，柴犬會是最健康的狗狗。

柴犬沒有犬種特有的遺傳性疾病

只要是血統純正的犬種，或多或少都有該犬種特別易發生的疾病；但是柴犬並沒有這方面的困擾。牠的體質十分強健，這也是飼養時的一大重點呢！

不過，再怎麼健壯的狗狗，還是會生病；尤其柴犬的忍耐力超強，很少會向飼主顯示自己的不適。

就因爲柴犬很多事情都會忍下來，常常讓飼主懷有「柴犬就是強壯」的觀念，反而延誤治療的時機。所以，平常要多觀察狗狗的身體狀況，一發現不對就要注意了。

不同季節的健康管理

春

注意蚤蝨或犬心絲蟲症。

此時進入冬毛脫落的換毛期，需要細心梳理，清除老舊的皮毛。春天也是蚤蝨類的好發季節，可用藥物治療。從這時期開始，可服藥預防犬心絲蟲症。

夏

注意身體的清潔。

夏天的暑氣常讓汗腺不發達的狗狗感到悶熱不適。每個月幫狗狗洗一次澡，洗完後用毛巾充分擦乾；若讓牠自然乾燥的話，容易造成皮膚病。

秋

再度進入換毛期；狗狗最舒服的季節。

秋天會再度進入換毛期以備過冬，需增加梳理皮毛的次數。因暑氣消退，原來失去的食慾也逐漸增加，要增加運動量，也不要餵太多。

冬

雖然體質強健，仍需最基本的禦寒策略。

若養在室外，需在犬舍加條毛毯，避免風從縫隙灌進來，幫狗狗禦寒。洗澡時可選在溫暖的晴天，充分用吹風機吹乾皮毛。

犬心絲蟲症與皮膚病的防治

基本上柴犬強壯的有時反而會讓人忽略了牠的疾病，不過，飼主還是可以利用幾個有效的預防對策。

首先是防治犬心絲蟲症的方法。犬心絲蟲症是透過蚊子感染的疾病，和狗狗本身是否強健無關，每隻狗狗都可能受到感染。雖然居住地區不同，防治時期多少會有誤差，但只要每個月餵狗狗吃一次防治藥物，即可保護狗狗免於犬心絲蟲症的侵襲。

即使是體質強健的柴犬，還是需要良好的健康管理。

其次是皮毛照顧不周引起的皮膚病問題。柴犬的皮毛屬於表層毛與裡層毛的雙層毛結構，在春秋兩季的換毛期，身上的體毛會大幅脫落重生。這時如果疏於照顧梳理，身上一直留著老舊皮毛的話，容易引起不易根治的皮膚病。所以，平常要記得常幫牠刷毛、洗澡，促進皮毛的更替與再生。

除此以外，還有蚤蝨類引發的過敏性皮膚炎。預防之道當然是避免蚤蝨類滋生；目前也有藥物可以防治，可以洽詢獸醫師。

病毒性傳染病的防治

可怕的病毒性傳染病會在無預警的狀況下，傳染給狗狗。在狗狗變為成犬時，每年要帶牠定期注射混合疫苗。

為了愛犬的健康，要確實做好刷毛與傳染病的預防工作。

第1章

養在室內或室外都OK的柴犬

適應力很強，也能養在室內的狗狗。

養在室內有助人犬之間的情感交流

很多人的傳統觀念都認為：「狗狗就是應該養在室外！」所以，很多柴犬也被養在室外。

但到了現在，許多人喜歡有狗狗作伴，把柴犬養在室內的人也越來越多。

養在室內最大的好處莫過於，可以加強人犬之間的溝通與感情。柴犬原本就是一種反應敏捷的狗狗，如再經過磨練與訓練，對飼主的心情更是瞭若指掌。再者，養在室內還可讓飼主便於察覺愛犬健康上的細微變化。

不過，到了頻頻換毛的季節，飼主要有經常打掃的自覺。

養在室外要留意狗狗的居住環境

若要將柴犬養在室外的話，需慎選放置狗屋的地點。一個閒雜人等出入頻繁的地方，無法讓狗狗安心地休息，有時也是讓牠亂叫亂吠的原因呢！

一個狗狗可以從外面，家人可以從裡面互相看到對方動靜的地點，才是最合適的。再者，柴犬的忍耐力超好，可以適應各種惡劣的環境，飼主要注意夏天避暑、冬天趨寒等細節。潮溼悶熱的狗屋，對狗狗的健康具有強大的殺傷力，要經常打掃狗屋，讓狗狗的居住環境保持乾燥與舒爽。

養狗需要足夠的愛心與耐心；不管養在室內外，都要常跟狗狗溝通感情。

養在室外時

①把狗屋放在通風良好的地方

透氣性佳，經常可以保持乾燥的地方。

②在狗屋四周設置運動場

用籬笆把狗屋圍起來，設置一個約2～3 坪大的自由活動空間。

③地板架高或鋪上木板

將地板架高 10 公分以上可防溼氣；鋪上木板的話，更能應付氣溫的變化。

④夏天涼爽、冬天溫暖

要注意日照或風向等細節。

養在室內時

①設置起居室

給狗狗一個專屬空間，當作安心休憩的起居室。如左圖將睡鋪放入狗圍欄裡，當飼主需要獨處或希望狗狗看家時，就可以讓牠留在裡面。

②如廁的訓練

很多柴犬都會忍到出去散步時再大小便，這對飼主來說當然很省事，但為了狗狗的健康著想，還是應該教牠在室內正確的地點排泄。

column2

在許多國家具有高度人氣的柴犬

世界各國都有忠心的支持者

柴犬的各國人氣指數持續上升中……

柴犬的人氣除了在日本歷久不衰外，在許多國家也有支持者；從網路上以美國爲主的世界各地柴犬同好的網頁，可以窺知牠在全世界受歡迎的程度。

未經人工雕琢的質樸感、代表日本風情的氣質、容易打理飼養等優點，讓柴犬獲得美國國際柴犬俱樂部的評價——全犬種中最受歡迎、最具魅力的狗狗，正是牠深受喜愛的原因吧！

活躍於狗狗運動會場的柴犬

在伴侶犬歷史十分悠久的歐美地區，有許多飼主都喜歡帶著愛犬參與狗狗運動會之類的活動。

和西洋犬比較之下，日本犬給人體型重於性格或好不好訓練之感，不見得可在這類的活動中拔得頭籌；不過，柴犬的飼主還是會把飼養重點放在充分展示牠特有的優點上。

在世界性犬展也受到矚目的柴犬

在如此的人氣支持下，最近柴犬都以穩定的數目參與世界各地的犬展。例如，在西元二千年，美國的西敏斯特犬展就出現了二十二隻柴犬；英國的克拉夫特犬展也有八十三隻柴犬參與。

柴犬質樸素雅的魅力，在許多國家贏得一定的支持。

第2章

忠心耿耿·善解人意的柴犬

第2章

去哪裡購買可以長久相處的幼犬？

選購人氣柴犬的管道很多，要審慎選擇。

去寵物店購買幼犬

這是最容易取得幼犬的地方。選購時要多留意店家的環境乾不乾淨？店員態度是否親切？對狗狗很有愛心嗎？而且貨比三家不吃虧。

去繁殖業者處購買幼犬

向繁殖業者選購幼犬的優點是，可親臨犬舍實地探訪飼養環境或幼犬的狀況。透過分類廣告或畜犬團體都可以找到繁殖業者。

購買幼犬時要親自確認選購

就家庭中容易飼養的小型犬來說，質樸中散發出日本犬氣質與氣魄的柴犬，無疑是最佳的選擇。如果現在想要飼養渾身散發如此魅力的柴犬，要去哪裡選購比較恰當呢？

一般來說，寵物店、熟識的友人或專門的繁殖業者那裡，都是很好的購買地點。但不管要在哪裡買，最重要的是，一定要親自確認幼犬；可以的話，也可以看看牠的雙親犬，了解牠在何種環境下成長或幼犬的血統爲何？如果從現在要一起生活的話，這些都是未來訓練上的重點呢！

在選購幼犬之前，先不要急著下決定，一定要花時間好好評估各種情

審慎選擇可當作一生伴侶的狗狗

由獸醫或朋友介紹

可以委託有機會接生的獸醫，或者透過認識的朋友介紹合適的幼犬。

透過犬隻訓練所

有些訓練所可讓人預約幼犬，或代為訓練、教養。其中有的訓練所也會繁殖柴犬，不妨打聽看看。

利用網際網路

現在網路上有許多相關的網站，不管是犬隻的販售、動物保護團體或柴犬飼主的個人網站等，都可從中獲取想要的資訊或情報。

報，才能找到適合的伴侶。

你能夠照顧狗狗到最後一刻嗎？

養狗之前，最好和家裡的人商量一下。好好想一想目前家裡的居住條件、周遭環境、以後要搬家或隨著孩子成長等相關的問題，問問自己能夠照顧狗狗到最後一刻嗎？當然，每天除了一定的伙食費，還需要預防疾病或其他醫藥費，也要每天帶牠做足夠的運動。

在寵物風流行的現代，因各種問題養不下去或遭到棄養、虐待的寵物著實不少。再者，飼主的態度也很重要。柴犬是一種「一生只服從主人」十分堅定忠心的狗狗，希望牠的主人也能疼惜牠的忠心，好好地關愛牠直到最後一刻。

第2章 配合家裡生活型態的飼養方法

親自選購幼犬，連細節也要留意。

公狗、母狗哪個好？好好考慮以後的事再做決定吧！

公狗或母狗哪種容易飼養？

要開始挑選小狗時，究竟是要養公狗或母狗，著實讓人傷透腦筋。

柴犬本身也具看家犬的特性，如果希望養一隻不僅可作伴還會看家的狗狗，勇敢且身強力壯的公狗比較合適。

反之若希望繁殖幼犬的話，當然要養母狗啦！在訓練上，母狗也比公狗來得容易且沉穩。

不管是養公狗或母狗，最重要的是，要確實了解柴犬的性質，給予良好的訓練，牠才會成爲你忠實的好伴侶。

要養在室內或室外？

柴犬原以獵犬之姿馳騁於山野林間，能在室外自由活動的環境比較理想，但因爲牠的適應性很強，即使養在室內也無妨。

如養在室內的話，要特別留意足夠的運動與日光浴；在春秋兩季的換毛期，要經常打掃居住的環境。

若養在室外的話，要注意狗屋的放置地點、溼氣或通風等問題。

不論是爲了配合家裡的生活型態，選擇養在室內或室外，都不能讓牠隨便吠叫，以免影響鄰居的安寧。

即使都是同一隻母狗所生，每隻幼犬的個性都不一樣。

和人類的手足一樣，即使都是同一隻母狗所生，每隻幼犬的個性可能都不一樣。有的一叫牠，牠會開心地跑過來；有的卻是漠不關心或心生畏懼……。請依照自己喜歡的類型加以選擇吧！

選購健康又可愛之幼犬的重點

選購幼犬不能只看可不可愛，要仔細檢查身體每個部位。先抱抱看，骨架結實、骨肉勻稱的幼犬，才是健康的狗狗；其次觀察牠的行動，注意牠的個性或反應。

濕潤的 **鼻頭**
鼻子要漆黑、涼涼的、有光澤，沒有鼻水。

雪亮的 **眼睛**
雙眼炯炯有神，為近似黑色的暗色；眼睛四周沒有眼淚或眼屎殘留。

沒有異味的 **嘴巴**
口吻渾厚密實，牙齒咬合正常，沒有口臭。

漂亮的 **耳朵**
耳朵後薄適中，呈三角形，裡面沒有稠黏惡臭感。

結實的 **四肢**
四肢筆直挺立，具有一定的粗度，骨骼強健有力。

發亮的 **體毛**
充滿健康的光澤，且具彈性，皮膚沒有溼疹或跳蚤寄生。

乾淨的 **肛門**
肛門口緊閉又乾淨，四周無潰爛，確認有無下痢。

精力旺盛表示個性開朗

讓幼犬自由活動，若發現牠很有精神地跑來跑去，或喜歡和其他幼犬嬉戲，表示個性很開朗。

一叫牠就跑過來表示具備社交性

一聽到有人叫牠，就很開心跑過來的幼犬，具有社交性，個性直率，也比較容易訓練成人見人愛的狗狗。

第2章

狗狗受不受教取決於飼主的態度

人犬雙方的情感與信任，決定了訓練的成效。

目光接觸有助於狗狗的訓練

聰明又順從的柴犬，也有頑固的一面；若從幼犬期就讓牠過於自由的話，難保不會變成任性的狗狗。

爲了讓人和狗狗一起過著愉快的生活，教狗狗認識人類社會生活規範的「訓練」，就顯得格外重要了。

但是，強迫式的訓練是行不通的，唯有和愛犬建立強烈的情感與信賴關係，訓練才會成功。

所以，從小要和幼犬養成「目光接觸」的習慣，搭起彼此溝通的橋樑。

何謂「目光接觸」呢？就是叫狗狗的名字時，要讓牠的眼睛看著你——這樣可讓狗狗集中注意力，比較容易訓練。

當幼犬抵達家門時，馬上試試看吧！叫牠的名字，等牠的臉對著你時，拿玩具或點心吸引牠的注意。如果牠很專心地看著你，再好好地讚美牠。一陣子以後，即使不用刻意讚美牠，牠只要聽到你的呼叫，就會乖乖地注視著你呢！

從幼犬期就讓牠習慣與人接觸

對幼犬來說，出生兩~三個月大，正是好奇心旺盛，警戒心較低，容易適應人類社會的時期。

和狗狗做目光接觸

「目光接觸」可讓狗狗集中注意力，比較容易訓練。

讓牠習慣與人接觸

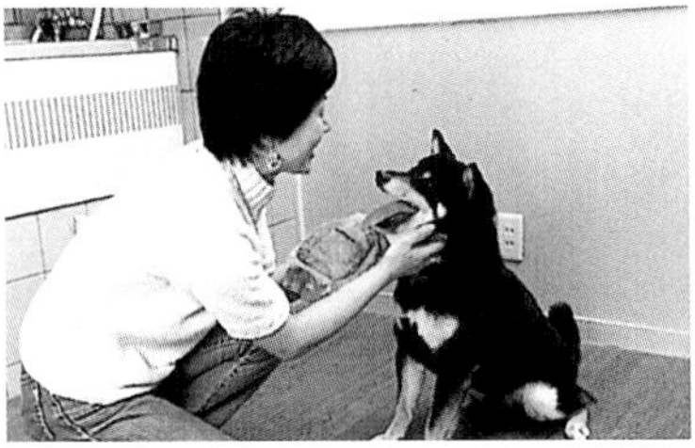

從幼犬期開始，透過與不同人的接觸，加強狗狗對人的信賴關係。

柴犬具有對飼主十分忠實，較不易親近其他人的特性；所以從幼犬期開始，就讓牠習慣與人接觸，變成一隻誰都可以與牠親近的狗狗。

首先在抵達新家的第一周，小心看護牠，讓牠先適應周遭的環境。等牠習慣家裡的成員後，再讓牠接觸家人以外的人。透過與不同人的接觸，幼犬即使變爲成犬，看到陌生人也不會覺得那麼恐慌。

幼犬和孩子一樣，都需要人類細心的呵護。

確定人犬之間的上下排序關係

不只是柴犬，狗狗原本就是群體生活的動物，會從群體中決定領導者，且服從這個領導者的命令。而且，這個群體裡面具有一定的順位，每隻狗狗都會尊重這個上下排序的關係。

當狗狗進入人類這個群體後，飼主必須取得領導者的地位；若因爲牠長得太可愛，就任牠撒嬌、賴皮，牠會誤以爲自己才是這個家的領導者。到最後牠可能變成讓飼主傷透腦筋，又難以訓練的問題犬。如此一來，不管是人或狗狗都無法過著幸福快樂的生活了。

所以，飼主要經常向狗狗顯示領導者的姿態，明確呈現人犬之間正確的上下關係。

吃飯時飼主先吃

基本上，吃飯時一定是飼主先吃；不管再怎麼忙，即使只吃一口也是飼主先開動，然後再餵牠吃飯。

散步時飼主先出玄關

不管是要出門或進來家裡，一定是飼主先走，不要讓樂過頭的狗狗衝到前面去。

多頭飼養要優先考量先養的狗狗

尊重狗狗之間的關係，讓雙方都安心。

飼主取得領導者的地位

把新的幼犬帶回家時，若家裡原本就養狗了，飼主一定要取得雙方的領導權。

狗狗自野生時期就有強烈的地盤觀念，對於原先養在家裡的狗狗來說，新來的幼犬有搶奪地盤的嫌疑，會萌生戒心；當然初到陌生環境的幼犬，也會覺得相當緊張。

柴犬最大的特色就是，只要認定你是好朋友，牠就會對你展現濃厚的愛意。所以，飼主應該居間協助牠們成爲好朋友，讓彼此都感到很放心。

任何時候都以先養的狗狗為優先考量

柴犬會服從飼主，對人忠心不二。如果新的幼犬一來，飼主就把注意力轉移到對方身上，原先養的狗可

和新狗狗打招呼的方法

1 綁著先養的狗狗，或由飼主抱著新來的幼犬，讓牠出現在先養的狗狗的面前。

2 讓狗狗彼此聞一聞對方，如沒發生甚麼事，應該可以成為好朋友。

家有新來的幼犬時，要特別留意彼此相處的情形。

飼主還是要取得領導權，讓狗狗們和平相處。

能因爲忌妒而攻擊幼犬，或形成壓力引發各種問題行爲。

所以，即使家裡來了新的狗狗，飼主對舊有狗狗的關愛應該還是一樣，且凡事都以舊狗爲優先考量。

例如，吃飯時、疼惜撫摸狗狗時、散步外出繫上牽繩時，或出入玄關時，都應讓舊狗先行。

如此做出優先順序的話，才能讓幼犬認識上下間的關係，而且飼主也要尊重狗狗之間的排序地位。

不乖時 先分開再斥責

萬一兩隻狗狗打架了，把牠們個別帶開，先罵下位的狗狗。

兩隻狗狗都罵完後，先讓上位的狗狗回到現場，再帶下位的狗狗一起玩。

家裡還養貓的話

怕寂寞愛撒嬌的狗狗，和性好自由喜歡獨來獨往的貓咪，不論是特質或習性都大不相同。所以，飼主應該幫牠們創造一個不會感到壓力的生活環境。

像貓咪的睡鋪或便器都要放在狗狗不會來的地方，貓碗要放高一點，避免狗狗偷吃貓咪的食物。

第2章

為了人犬的愉快生活，一定要遵守生活規範。

制定符合生活模式的規範

要一起生活就要制定某些規範

年幼的柴犬長得圓滾滾的，十分可愛討喜，任誰都想好好地疼惜牠，這也是人之常情。

但是，如果希望人犬的共同生活十分愉快的話，一定要制定確實遵守的規範。訓練幼犬就如同教育幼兒一樣，哪些事可以做，哪些事不能做，一定要說清楚講明白。

柴犬的學習能力很強，對飼主具有極高的忠誠度。所以，能否善用這個優點，訓練牠成為人類的好伙侶，可以說完全取決於飼主的態度。

因此，飼主在迎接幼犬回家以前，有必要好好研究狗狗的習性與特質，事先制定狗狗做了哪些事會受到斥責等生活規範。

聰明的讚美與斥責法

所謂的訓練，並不只是斥責而已；當狗狗做得很棒時，更需要多多讚美牠、關心牠。

反之，狗狗犯了錯，就要嚴加斥

讚美與斥責的比例為九：一，為訓練的基本原則。

統一斥責狗狗的語彙——

斥責狗狗時，若全家分別使用「不可以！」、「不行」或「喂！」等不同的語彙，會讓狗狗搞不清楚狀況。所以，全家應該用統一的語彙斥責狗狗，讚美時也是一樣。

只要飼主很有耐心地用相同語彙反覆教導，狗狗一定可以很快學會規範；在幼犬帶回家以前，最好全家先商量一下該如何訓練狗狗吧！

不要帶狗狗一起睡

飼主不要帶狗狗一起睡在自己的床上，以免讓牠搞不清楚上下排序的關係。

不要餵牠吃人的食物

吃飯時，即使狗狗賴在一旁，也不要餵牠吃東西；一旦餵了，以後牠也會想吃人的食物。

全家一起努力教導幼犬生活規範

責牠，絕對不要感情用事，否則牠會變成一隻經常看飼主臉色，每天提心吊膽的狗狗。

當然讚美時，也不要過度誇張，應給予適度的關懷；斥責時要冷靜嚴厲。根據這些不同的反應，幫幼犬區別正確和錯誤的行為。

除此之外，斥責或讚美的時間點也很重要。若不在事情發生的當下處理，過一會兒再斥責或讚美牠，狗狗根本弄不懂飼主的用意，也無法了解飼主的苦心呢！

全家用相同的態度訓練狗狗

一旦決定了家裡的生活規範，全家就要用相同的態度訓練狗狗；當某一個人責罵狗狗時，其他人絕不能同情牠。

狗狗會對領導者以外的群體成員劃分上下排序，而且會想把自己擺在上位，就算牠在家裡對領導者唯命是從，卻常常把其他人的地位認為與自己一樣，甚至更低，除了領導者以外不聽其他人的話。

所以，全家要用相同的態度訓練狗狗，才能讓牠確認人犬之間的上下地位關係，願意服從家裡每個成員的命令。

到家的那一天先讓幼犬好好休息

讓初到新環境還疲憊不堪的幼犬，好好地休息。

迎接幼犬到來的行程

中午之前出發

白天光線充足又明亮，可以減少幼犬的不安感。

帶一些狗糧回來

帶一些幼犬原來吃的食物回來，可幫牠適應新的環境。

幼犬正確的抱法

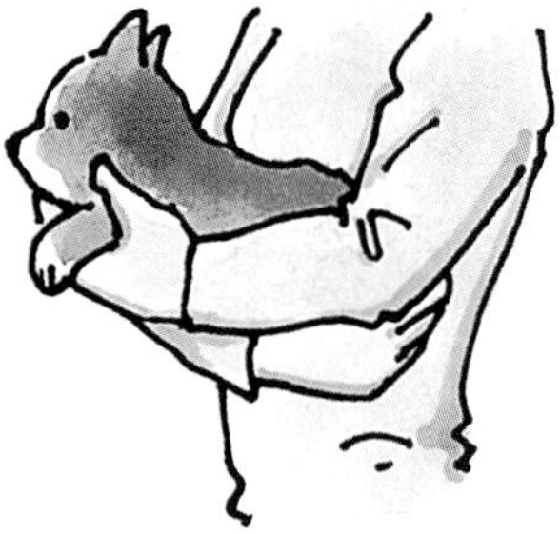

一手放前腳與胸部之間，另一手固定後腳和臀部。

帶回家以前先整理家裡的環境

接下來就要迎接新的成員了！在幼犬帶回家以前，請再次確認家裡的環境。像狗屋或便器要放在哪裡？一旦決定就不要經常改變位置，以免讓狗狗覺得很困擾。太熱或太冷的地點都不適合放置狗屋，要特別小心。

再者，家裡有沒有危險物品足以讓狗狗發生意外？或者是不小心會被狗狗誤食的東西？最好整個家裡再仔細地檢查一遍。

帶幼犬回家的時間，儘量選在中午以前；趁天色還很亮的時候，好好守護突然被帶到陌生的環境而心生不安的幼犬。

記得跟原飼主詢問有關幼犬的飲

移動時間短一些

移動時間短一些，最好用車子接回來，讓牠坐在膝上，輕輕地抱著牠。

抵家之後先讓牠好好休息

被帶到陌生地方的幼犬會覺得很累，先讓牠好好睡一覺，早點適應新環境。

即使夜鳴也不予理會

剛到新家的幼犬，難免因為寂寞而夜鳴，不要擔心約過兩～三天，牠就會習慣了。

食內容、餵食時間、份量、排泄狀況，或疫苗注射等情形。

可以的話，把牠之前睡覺用的毛巾或毯子一併帶回來，鋪在新的狗屋裡，讓牠藉著熟悉的氣味舒緩心裡的壓力。

讓牠習慣新家的作息

幼犬到家以後，把牠之前睡覺用的毛巾鋪在狗屋裡，讓牠好好地休息。雖說剛到家的嬌客看來十分可愛，但還是先不要抱牠，以免讓牠更緊張產生壓力。

有些幼犬剛來時，可能會因爲不安缺乏食慾或夜鳴，飼主不必太在意，大概兩~三天牠就會習慣了。這時只要在一旁好好地守護牠，讓牠儘早適應新的環境。

column3

事先要準備好的幼犬用品

家裡的新成員——幼犬所需的用品

把幼犬帶回家以前，有一些與飲食、排泄或居住地點相關的物品要事先準備好，並決定放置的地點。

市面上的寵物店都會陳列各式相關用品，飼主可按照自己的需求與用途，選擇好用、堅固、衛生又安全的物品。

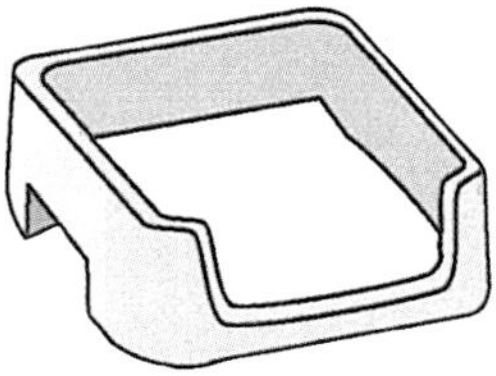

便器

考慮成犬的大小，可選用大一點的便器。

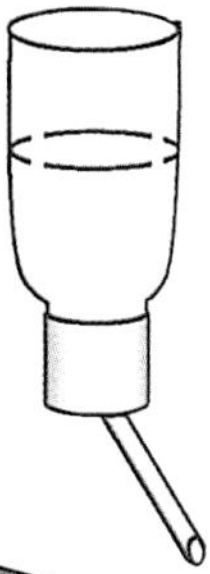

寵物專用自動飲水器

這種飲水器灰塵不會跑進去，也不必擔心打翻。

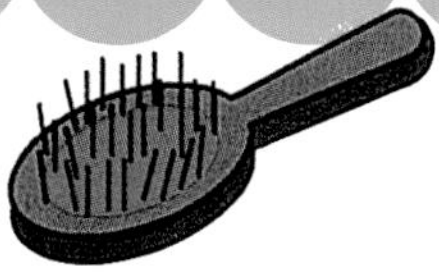

針齒刷

短毛種專用的獸毛刷，好用不掉毛。

狗碗

較厚的陶器或底部具有止滑效果的狗碗為上上之選。

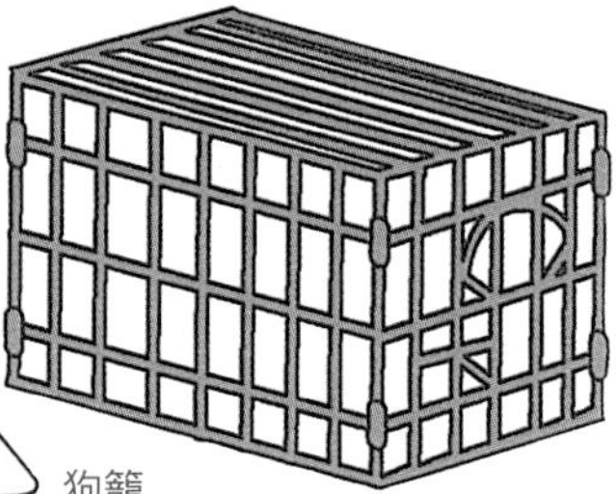

狗籠

這種組合式的狗籠，可配合幼犬的成長，確保足夠的空間。

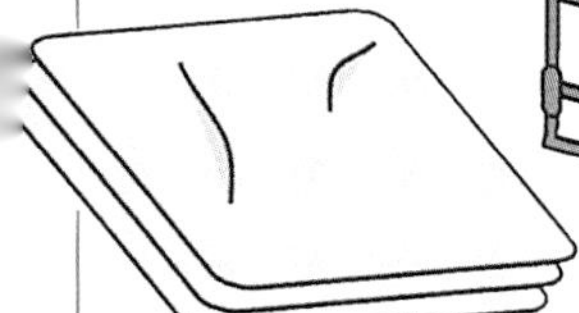

寵物墊

選擇吸水性與除臭性佳的產品，幼犬期需要量頗大。

項圈

細且質地輕巧的布製項圈，對幼犬的脖子比較沒有負擔。

牽繩 可伸縮的牽繩方便狗狗在廣場等空曠地方自由活動。

玩具

玩具可幫幼犬紓解壓力，但需注意安全性。

第3章

讓柴犬變聰明的訓練法

幼犬期（兩個月～六個月）的成長標準

從幼犬期開始如廁訓練

提供營養均衡的飲食 每十天量一次體重

從寵物店或繁殖業者的犬舍，將幼犬帶回家的合適時機，大約是在牠兩個月大左右，因爲幼犬在與母狗或兄弟犬相處的這段期間，可學習犬隻的社會性，進而學會人類共同生活的規範。所以，出生後兩～三個月大的幼犬，最適合帶入新家庭。

從這個時候到六個月大，爲狗狗一生成長最快的時期，不論身心都有驚人的成長，要提供均衡的飲食，確實教導與人類一起生活的規範或訓練。此外，別忘了每十天量一次體重，確實掌握狗狗的生長狀況。

除了嚴格的斥責 也要十足的關愛

柴犬的警戒性很強，具有強烈的地盤意識。這時期的柴犬對於自己生活的家與周遭環境，產生濃烈的守護觀念，眼中無其他人存在只對飼主忠心耿耿的性格，可說是柴犬最大的特徵。如果你不希望牠只是一隻看家犬的話，這時就要好好訓練，糾正牠愛亂叫或亂咬的壞習慣。

良好的訓練建築於飼主跟狗狗間的信賴關係上。訓練不只是嚴厲的斥責，更需要對狗狗展示充分的關愛。平常別忘了多跟狗狗說說話，一起散步嬉戲喔！

幼犬兩～三個月大，是最適合教導人類社會規範的時期。

發覺幼犬相當不安的話——

初次帶幼犬去外面活動時，有些幼犬會驚訝於外在環境的急遽改變，顯現焦慮不安的模樣。這時飼主應該馬上把牠抱起來，溫柔又輕聲地安撫牠的情緒，消除牠內心的恐懼感。如果這些恐懼不曾減輕，下次碰上類似的狀況牠會更加不安，以後或許會變成一隻害怕外出的膽小狗呢！

飼主抱起幼犬溫柔對牠說話，最能消除牠內心的恐懼感。

訓練或運動都要融入十足的愛心

柴犬是一種聰明、忍耐力強且適應性相當良好的犬種，在訓練上應該不會很困難；不過，不要急著從牠來的第一天就開始訓練，最好等牠馴服於家人後再開始效果比較好。

但是，如廁訓練要另當別論；因為狗狗會記住首次排泄地點的味道，當作以後的如廁地點。當你發現剛帶回家的幼犬一副焦躁不安，四處聞來聞去的樣子，就表示牠想上廁所，要馬上抱牠去室內或室外事前決定的如廁地點，發出「噓—噓—」的聲音催促牠排泄；如果牠很合作，要好好地讚美牠。

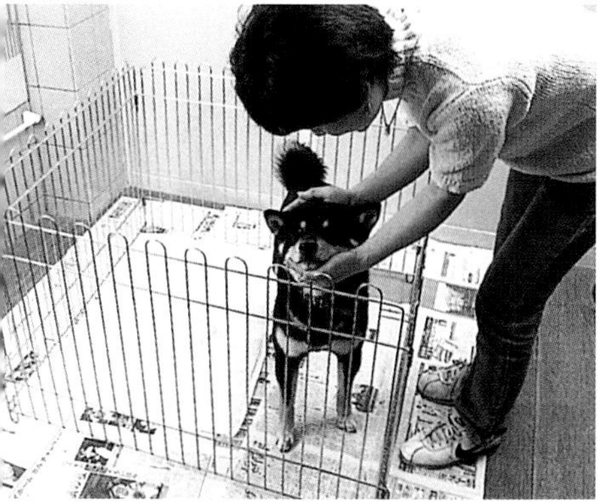

訓練不只是嚴厲的斥責，還要加上許多讚美。

幼犬的乳牙於三個月大左右開始脫落換成恆牙，約於四～六個月長齊四十二根恆牙；這段期間幼犬因為牙床又刺又癢，看到甚麼都想要咬一咬。所以，不要光是責罵牠，可以給牠一些怎麼咬都無妨的犬用橡膠玩具，幫牠度過這個時期。

柴犬雖然體型嬌小，但不同於其他賞玩犬，因為是獵犬出身，所以，幼犬期需要足夠的運動以創造良好的體魄。不過，要帶出門的話，以完成疫苗注射，抗體發揮功效的四個月大以後再說，有關這點請參考第四十九頁的說明。

室內或室外都充滿危險性

幼犬期（兩個月～六個月）的成長標準

保護探索心重的幼犬安全

幼犬充滿了好奇心。這時的幼犬不管看到甚麼東西都會先聞一聞味道，再咬一咬。與其說牠很好奇，不如說是旺盛探索心的驅使，讓牠們藉著或聞或咬，來判斷眼睛所看到的東西。

這些行爲可促進狗狗的智能發展，如同開始學爬的嬰兒，抓到甚麼東西都往嘴裡塞一樣。但不同的是，幼犬出生沒多久就可以自由行動，活動的範圍很大，無形中增加了牠的危險性。

養在室內的話，對幼犬來說家裡的任何物品都是牠探索的對象。所以不要隨便把橡皮筋、香煙、髮夾、迴紋針或藥物，丟在桌子上或棄置於地上，電線或插座也要用套子蓋起來，以免讓狗狗誤觸發生意外。

好奇心旺盛的幼犬，甚麼都想咬一咬。

室外的危險物品更多

在很久很久以前，狗狗會自己在山野林間尋找食物活命；到了被人類馴養，每天不愁吃住的今日，牠仍保有這個原始的習性。所以，帶牠出去散步時，牠會撿拾外面的東西吃，但是很多東西都足以危害牠的身體。因此，發現狗狗有類似的行爲時要嚴加制止，讓牠把嘴裡的東西吐出來。

養在室外的話，要特別注意蚊子的肆虐，除了預服藥物防止可怕的傳染病——犬心絲蟲症，狗屋裡還要加裝紗窗。

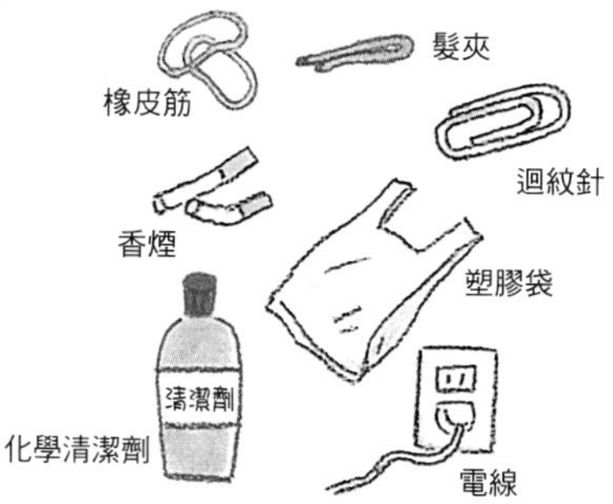

在家裡

隨意放在桌上的東西，或掉在地上忘了收拾的物品，都可能危及狗狗的生命；像塑膠袋誤套在脖子上，就可能讓牠窒息。

門底下塞個東西

為防房門突然被風一吹關起來，夾傷狗狗，門底下要塞個東西加以固定。

煤油爐

幼犬奔跑嬉戲間可能把它撞倒被燙傷，最好換成暖氣。

散步中亂撿東西吃

即使是腐壞的東西，狗狗也會若無其事地吃掉，要特別小心。

在室外

禁止狗狗亂撿東西吃。像柴犬這類的狩獵犬，有狂追奔馳於前方的汽機車，宛如追蹤獵物的習性。

以蚊子為媒介的犬心絲蟲症

除了預服藥物預防此疾，狗屋裡記得加裝紗窗或點上蚊香。

狂追前方的汽機車

狗狗有追蹤迅速移動物體的本能，從平日就要做制止訓練。

完成晶片登記與疫苗注射

晶片登記和狂犬病疫苗注射為飼主的義務

在台灣針對出生超過九十天以上的幼犬，動物保護法上規定飼主有義務，在開始飼養的三十天內，到獸醫院進行登記。完成登記後，即可取得狗狗狂犬病牌和身分證。

法律上也規定飼主有義務，每年帶狗狗去獸醫院注射狂犬病疫苗。一般的獸醫院都提供這樣的服務，完成注射的狗狗可以領到犬牌，掛在項圈上。

等幼犬五十～六十天大，來自母體的抗體消失後再注射疫苗。

其他傳染病的疫苗注射

狗狗除了狂犬病，還有其他各種可怕的傳染病（請參考一三二～一三三頁）；這雖非法律上規定飼主的義務，但為了狗狗的健康，還是應該讓狗狗注射狂犬病之外的各種混合疫苗。

幼犬一出生時所喝的初乳，富含來自母體的許多抗體，可免於疾病的威脅。一般來說，等幼犬五十～六十

狗狗不喜歡被人摸身體時——

帶狗狗注射疫苗或給獸醫看病時，如果牠不喜歡被人摸身體會很困擾。所以，平常和狗狗玩得正開心時，可以抱起牠、摸摸牠的肚子或四肢，很自然地讓牠慢慢習慣被人撫摸身體。

如果你想摸牠，牠卻作勢要咬人的話，需嚴加責備；或者是用手拿食物給牠吃，讓牠不會覺得排斥。

疫苗注射的正常進度

出生 60 天左右

進行第一次疫苗注射

幼犬 50～60 天大，來自母體的抗體消失，需注射疫苗預防傳染病。

出生 90 天左右

進行第二次疫苗注射

第一次注射疫苗時，若母體的抗體還殘留於幼犬體內，無法達到該有的效果，必須在90天大進行第二次疫苗注射。

每年一次追加注射疫苗

天大，來自母體的抗體會消失，必須注射疫苗預防傳染病；但若母體的抗體殘留於幼犬體內，疫苗就無法達到該有的效果。

　所以，確定母體的抗體消失後，可在六十天左右進行第一次疫苗注射；如無效果出現，再於九十天大進行第二次疫苗注射。一次的注射可混合多種疫苗，預防多種傳染病，詳細情形可請教獸醫，選擇適合居住地區或幼犬生活環境的疫苗，往後每年追加注射一次。

要特別留意犬心絲蟲症——

犬心絲蟲症早期幾乎沒有甚麼症狀，等飼主察覺不對勁時，症狀往往十分嚴重，治療上也很麻煩，所以事先預防是最好的方法。

犬心絲蟲症不同於其他疾病，不是注射疫苗而是服藥預防；以前每週都要餵狗狗吃藥，目前已有一個月吃一次的藥物問世。服藥期間為此疾病的媒介——蚊子出現前的一個月，到消失後的一個月左右。避免狗狗被蚊子叮咬，可說是最好的預防方法呢！

疾病的預防可請教獸醫，創造一個適合狗狗生活的環境。

何謂營養均衡的飲食？

不要餵太多 以八分飽為適量

即使是月齡相同的幼犬，也會因體型大小或運動量多寡，而有不同的食量。柴犬屬於食慾旺盛的犬種，要小心別餵太多以免過胖。

適量的飲食以八分飽爲宜，大概是狗狗一口氣吃完，又顯得有點不滿足的模樣。如果牠老是在狗碗四周徘徊，或一直舔已經見底的狗碗，可能是份量有些不足；反之，每次都會剩下的話，可能是餵太多了。

再者，看看大便的軟硬度，如果太軟表示吃太多；反之太硬的話，表示餵太少。

軟硬適中的狗大便應該是人可以用手抓起來（記得要戴手套），地上留有少許痕跡的硬度，而且健康的狗大便應該沒甚麼味道。

在提供均衡飲食給狗狗吃的同時，記得多帶牠出去運動，以消耗多餘的熱量。

吃飯的注意事項—

●不要餵狗狗吃零食

只要每天提供營養均衡的飲食，並不需要餵狗狗吃零食，以免讓牠變成小胖狗或太驕縱。

●不要餵狗狗吃人的食物

人和狗狗吃飯的地點一定要分開；只要曾有一次餵牠吃人類的食物，牠下次就會賴在餐桌旁邊乞討。

●開始邊吃邊玩時，馬上收起狗碗

一發現牠邊吃邊玩，即使牠還沒吃完，還是要收起狗碗，讓牠知道不在時間內吃完就沒得吃了。

狗狗的飲食要注意營養的均衡，提供新鮮的水與適合的份量。

人犬間的養分需要量差異頗大

和人類一樣，蛋白質、脂肪、碳水化合物以及維他命或礦物質，也是狗狗不可或缺的營養成分。但是，人犬間的養分需求量有極大的差異。從狗狗一歲大就相當於人類十八歲的成長速度來看，更可以了解何以兩者會有如此大的差別。以礦物質中的鈣質而言，狗狗的需求量更高達人類的二十五倍呢！

反之，像脂肪的需求量，狗比人類少多了，鹽分的需求更低。對人類來說可增加口感的醃漬食品，對狗的身體卻是莫大的負擔。所以，不要習慣性地餵狗狗吃人類的食物，這樣不是愛牠反而是害了牠呢！

除了上述的營養成分外，水分也是狗狗不可缺的；動物的身體組織有七十％為水分，透過水分促進身體的機能與加強代謝。除了餵食以外，其他時間也要幫狗狗準備乾淨的水。

想更換飲食內容時——

開始飼養幼犬時，要持續餵食前一位飼主使用的食物一段時間；如想更換飲食內容，可以慢慢減少原來的食物然後增加新的內容，約以一星期的時間整個換過來。

可從住家附近開始散步

早晚兩次各三十分鐘的輕鬆散步

幼犬於九十天大進行第二次疫苗注射後，大約要一個月疫苗才能發揮功效，所以，四個月大以後再帶出去散步比較好，以免增加感染各種傳染病的危險。

一開始先在住家附近走一走。狗狗害怕的話，可以把牠抱起來，輕聲跟牠說說話，讓牠逐漸習慣外面的聲音，認識外面的世界。

一天早晚兩次，各約三十分鐘即可，也可以繫上牽繩散步，若狗狗不聽指令直往前衝，不要用力拉扯牽繩，因爲這時幼犬的骨骼發育還不是很完整，過度拉扯牽繩會破壞牠四肢的平衡感。

這時期的訓練重點是，輕鬆散步大於運動；但要讓狗狗習慣隨時跟在飼主的左側；直到幼犬六個月大，骨骼發育十分完整時，再正式進行牽繩運動。

散步時要特別注意清潔

妥善清理狗狗於散步途中排泄的穢物，可讓人類免於疾病的威脅；寄生於狗狗體內的蟲卵會混入糞便中，對人類尤其是幼兒特別有害。

清理完糞便後，一定要確實洗手；平常即使與狗狗接觸過，也要把手洗乾淨，以免感染寄生蟲；最好也不要隨便讓狗狗舔你的臉。

讓狗狗習慣戴項圈和牽繩的方法

1

首先只幫牠戴項圈，讓牠玩 10～15 分鐘再拿掉。如此重覆2～3天，再加長戴項圈的時間。

2

等牠習慣項圈後，加一條一公尺長的細繩，再逐漸延長時間。

3

飼主抓著細繩，叫牠的名字讓牠前進，習慣後把細繩換成牽繩。

散步是讓幼犬與人溝通的好機會

早晚的運動可促進幼犬體內的新陳代謝，讓牠健康地成長茁壯。除此之外，多讓牠看一看、聽一聽、聞一聞，更能讓幼犬了解到原來外面還有一個不同於家裡的世界。幼犬也會透過跟人的「對話」或「肢體接觸」，學會與人溝通的方式。爲了讓具有超強戒心的柴犬，變得更「和藹可親」，這些接觸或溝通都十分重要呢！

散步途中免不了會遇上其他狗狗，幼犬經由其他狗狗的接觸，讓自己從人類社會的規範中解放出來，得以暫時重返犬隻的社會。如果幼犬一直沒有機會經歷這些，會變得極端畏懼或防衛其他狗狗，等牠變爲成犬，也許會有生殖障礙呢！

運動是維持健康的必要元素，等幼犬四個月大以後要帶出門運動。

第3章 六個月大以後體型更像成犬

青年期～成犬期（六個月～二歲半）的成長標準

六個月大的狗狗，體型十足成犬模樣，如果是母狗有懷孕的可能。

母狗每六個月為一次發情週期

六個月到一歲半的期間，稱爲柴犬的青年期。這時期的體型十足成犬模樣，智能或肌肉也十分發達，再過一年（即二歲半），柴犬就會變成結實健壯的成犬了。

母的柴犬於出生七～八個月大時，初次迎接發情期。這時母狗具備生殖能力，皮毛更具光澤，食慾增加，排尿次數增多，不久局部開始出血，持續十天左右。

之後出血的顏色變淡，但出血的現象結束時，母狗仍處於發情狀態，還要一陣子才能恢復原有的樣子。接下來，約六個月爲一次發情週期。

母狗的發情與處理方法

母狗發情時的出血現象，常讓飼主大傷腦筋；大部分的狗狗都會自行舔舐乾淨，如怕弄髒家裡的話，可幫母狗包上專用的生理用品。

這時為了母狗的身體，或者是為了避免懷孕，不要常帶牠出門。如果沒有繁衍下一代的打算，可以帶母狗做絕育手術一勞永逸。

公狗的性徵成熟與因應的方式

做記號

狗狗會頻頻撒尿，向其他狗狗誇示自己的存在；但要嚴禁牠在室內隨處尿尿，並規定在外面尿尿的次數或地點。

騎乘動作

狗狗騎乘在人的腳或膝蓋時，飼主可無視於這個行為站起來；若牠還想再嘗試，要嚴厲斥責制止或把牠推開。

對母狗感到興趣

絕對不要讓牠接近發情中的母狗。如家裡還有母狗媽媽或其他姊妹犬的話，發情時更要小心。

公狗隨時都可以交配

公狗具有生殖能力的時間比母狗稍晚，大約在八個月大左右。這時公狗會單腳舉高尿尿，頻頻於散步途中撒尿做記號，留下自己的味道；而且不僅是在外面，連在家裡也頻頻做記號的話就要注意了。

從這個時期開始，狗狗對外頭的公狗會充滿敵意，展現自己的鬥志；或者是騎乘在人的腳或膝蓋上，做出類似交配的動作——這都是公狗性徵成熟的表示。

母狗只有在發情期，才願意接受公狗；但是公狗沒有明顯的發情期，一年之中隨時處於可以交配的狀態，只要聞到發情中母狗的味道就能勾起牠的交配慾望，甚至會因此「離家出走」。所以，附近如有母狗發情了，就要小心自家的公狗喔！

但是，除非是在母狗的發情期間，否則公狗或母狗都不會有交配的慾望；公狗如果一直沒有交配經驗的話，一般來說，隨著年齡的增長，也不會對母狗感到興趣呢！

飼主對愛犬的「性事」也要多加關心喔！

最方便使用的狗糧

乾燥型狗糧營養最均衡

據說柴犬昔日是非常能耐粗糙食物的狗狗，但是如果每天餵牠吃營養不夠均衡的食物，難保不會危及牠的健康。

在營養均衡的首要需求下，狗糧無疑是最佳的選擇。其中的乾燥型狗糧更富含了均衡的營養，只要餵狗狗吃這種狗糧，不需再由其他食物補充營養，而且售價便宜、保存性佳。

半生型或罐裝狗糧

狗糧若依照水分的含量加以分類，除了水分含量只有十%的乾狗糧外，還有其他的種類。

一天餵食的次數

重點	一天的次數	
突然被帶到新環境的幼犬心裡很緊張，如被強迫進食恐怕會引起下痢。狗狗不想吃的話，光喝水也可以；或在水裡加幾滴蜂蜜，補充元氣。	剛到新家時，只要餵牠吃原來份量的一半即可；如果真的沒有食慾，先不要餵食也無妨。	剛到新家時的飲食
3 個月以前的幼犬胃容量小，消化功能未臻成熟，少量多餐是最佳的餵食方式，也要注意這時期經常發生的下痢問題。	將一天的份量分成 5 ～6 次餵食。	出生 4 個月大以前
這時幼犬的消化功能比較發達，但還是不要過飽，並注意進食、有無過胖或便便的情形。	將一天的份量分成 3 ～4 次餵食。	4～5 個月大
過食為肥胖之源。柴犬的食慾旺盛，小心不要餵太多，並每天帶出去運動，消耗多餘的熱量。	將一天的份量分成 2 ～3 次餵食。	6～7 個月大
狗狗一次吃完一天的份量，可能有點過量會造成胃腸的負擔，最好分成兩次餵食比較好。	將一天的份量分成 2 次餵食。	8～9 個月大

各式各樣的狗糧

罐頭型

將肉類加熱處理成的罐裝狗糧，是狗狗最愛，但營養稍嫌不均衡。

乾燥型

口感較硬，可促進牙齒或下顎的發達，營養也十分均衡。

半生型

半生柔軟狀似肉類的口感，保存性或營養都比不上乾燥型。

半乾燥型

比半生型更具彈性口感更好，深受狗狗的歡迎。

點心棒

常當作訓練或教養時的小獎賞，不能給牠吃太多。

例如，水分含量二十五～三十五%的半生型狗糧，口感像肉類深受狗狗歡迎，但保存性或營養均比不上乾狗糧，且售價也較高。比起半生型水分含量更少，只有二十五～三十%的軟乾狗糧，口感更佳爲其特徵。

　至於罐頭型狗糧水分含量多達七十五%，是肉類經過加工處理的罐頭食品，也是狗狗的最愛，但因爲售價最高，營養不夠均衡，不能光餵這個，可加少量乾狗糧刺激食慾。

對狗狗來說，吃飯是件很開心的事，要幫牠留意營養或口味喔！

第3章

青年期～成犬期（六個月～二歲半）的飲食

狗狗最愛的菜單

研讀狗狗所需的營養學分

從便利的觀點來看，狗糧無疑是最佳的選擇，但是，最能向狗狗傳達飼主關懷之情的還是自製的狗食吧！

原本屬於肉食性的狗狗，由於長期被人飼養，變成只要是人吃的食物牠就會吃的雜食性動物。所以，比起那些冷冷乾乾的狗糧，利用生鮮肉類等調理出的天然食品，當然更受狗狗喜愛。

而且，狗糧為了方便保存或增添風味，都會加入其他的添加物；因為每隻狗狗的體質都不一樣，有些狗狗吃久了難免會引發一些問題。

但是，自製狗食最大的問題就是營養均不均衡。狗狗需要的營養畢竟不同於人類，想自己調配狗食的飼主，有必要好好研讀狗狗所需的營養學分。

像狗狗吃東西幾乎都不怎麼咀嚼就整個吞下去，即使是一些人類常吃的食品，從消化的觀點來看，很多都不適合餵給狗狗吃，而這類知識，也是自製狗食上的重點呢！

再者，飼主要有心理準備，一旦狗狗習慣吃自製的狗食，若想中途換成一般的狗糧，很難讓牠接受呢！

不能給狗狗吃的食物

除了圖片裡的東西以外，像花枝、章魚、螃蟹或蒟蒻、竹筍等食物容易引起消化不良，而雞骨頭之類的東西，也有刺穿狗狗胃壁的危險。

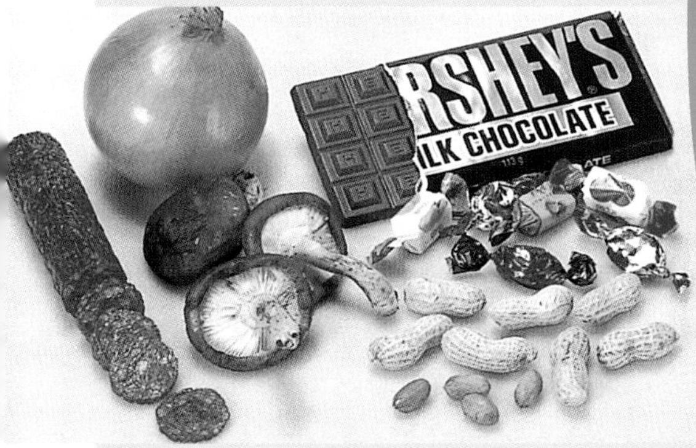

去除多餘的脂肪加以調理

進入青年期的柴犬適合吃的食物有脂肪含量少的牛肉、豬肉、雞肉、豬肝、牛奶、蛋類等；魚肉也是不錯的選擇，此外還可以加些蔬菜，像麵類、飯類或麵包都可以接受，其中肉類和蔬菜可以分別煮熟，以稀釋的高湯調味。狗狗需要的鹽分只有人類的三分之一到五分之一，所以，人類覺得美味的鹽分用量，對狗狗來說負擔太大了。

可在稀釋的高湯裡，加入麵、飯或麵包，作成營養的雜燴粥。像肉類或魚類若脂肪含量過多，可先水煮一下，去除多餘的脂肪再來調理。

蔬菜以高麗菜、白菜或油菜較適合，像芹菜或香菜等氣味濃烈的蔬菜，對嗅覺靈敏度高達人類百萬倍的狗狗不太適合。

除此之外，平常加點小魚乾，也可以補充鈣質。至於像維他命或鈣片等狗狗健康食品，也可以從市面上買到。不過，既然下定決心要自製狗食的話，儘可能從自然的食材讓狗狗獲得足夠的營養，這樣可說是飼主最大的關愛吧！

如要自製狗食，需考慮狗狗的營養均衡和衛生。

自製狗食時要注意的重點

自製狗食最常見的問題是含鹽分過高，因為飼主喜歡用火腿或香腸取代肉類討好狗狗的胃，卻忘了這類食品在加工過程中加了許多的鹽。

再者，洋蔥等蔥類大量食用，會引發中毒造成貧血、血尿或黃疸。像許多人愛吃的火鍋或漢堡，要特別注意鹽分的含量再給狗狗吃，也要注意裡面會加蔥類喔！

第3章 每天運動讓狗狗消除壓力

青年期～成犬期（六個月～二歲半）的運動

六個月大以後正式進行牽繩運動

六個月大以後，幼犬的骨骼發展比較完整，可以開始進行牽繩運動。起初早晚兩次，徒步三十分鐘即可，習慣後再騎腳踏車做牽繩運動。

散步或運動可幫狗狗轉換心情、消除壓力並預防肥胖。

一開始一次以三十分鐘的慢速度，走完三公里；等幼犬進入二歲後的成犬期，公狗一次約五公里、母狗約三公里，約以十～十二公里的時速跑完。這時狗狗如同走路一樣，也要緊跟在飼主的左側。

柴犬從兩歲到五歲，可說是身心最爲充實的發育期。每天運動不僅可促進狗狗身體的發育，還能消除牠的壓力，健全其精神發展；這對食慾旺盛的柴犬來說，絕對是個防止發福的好方法。

外出運動時，如去公園等寬敞的場地，千萬不要造成別人的困擾。不妨把狗狗的牽繩解開，讓牠自由地四處奔跑——這幅景象無疑是最理想的

不同季節的散步時間

夏天溽暑期

為避免狗狗中暑，要選擇早上或傍晚涼爽時散步。如果只能選在日照強烈的大白天，要避開陽光強烈反射的柏油路面，以泥土地面較適合。泥土地面對狗狗的骨骼發展，比較不會有不良影響。

冬天嚴寒期

和夏季正好相反，要選在有溫暖日照的時間點帶出去運動，順便讓狗狗做日光浴，促進身體的發育。飼主也不要因為天氣冷就不想帶狗狗出門，適度的運動對狗狗的健康絕對大有幫助。

散步是遇上其他犬隻的好機會，可以培養愛犬的社會性。

畫面；但在這之前，先確定狗狗已經徹底記住「一聽到主人呼叫即馬上奔回」的訓練。當你放手讓狗狗四處飛奔時，要特別注意別讓牠跑到馬路上以免發生意外，或跟不期而遇的其他狗狗打架。

散步途中限制其排尿次數或場所

狗狗的性徵成熟後，飼主帶出去散步時，尤其是公狗經常半途停下來，頻頻對著電線桿或樹幹聞聞上面的狗尿味，然後舉高後腳灑上自己的尿，這稱爲「做記號」，乃狗狗自野生時代就有的習性。狗狗可根據這些氣味研判進入自己活動範圍的犬隻體型多大、從哪裡來要到哪裡去等訊息，並在更高的位置抬腳灑上自己的尿，主張自己的存在。

這種行爲也是狗狗的習性之一，不像地盤意識那麼強烈，不需要每次都加以禁止。但是，或嗅或舔其他犬隻的尿尿，也可能感染傳染病，最好限制其排尿的次數或場所。

散步時要注意蟎蟲

蟎蟲類以壁蝨最可怕，常棲息於草叢，等狗狗經過時附著在牠的身上。不過，草皮或盆栽也有壁蝨的蹤跡，故從公園等地散步回家後，應該好好檢查狗狗全身，尤其是眼瞼、耳根、臉頰、肩膀或四肢的皮膚，如發現壁蝨要用鑷子夾除，並擦藥消毒傷口。有些被壁蝨吸血的狗狗會出現貧血現象，飼主千萬不要大意。雖然壁蝨只有 2～3mm 大，但被叮咬的患部會腫起來，很容易發現。

老狗期（七歲以後）

老狗的飲食要特別注意熱量

飲食

消化吸收能力變差 要給予適量的柔軟食物

柴犬七歲以後進入老狗期。隨著狗齡的增加，牙齒開始脫落，下顎鬆軟無力，消化及吸收功能都變差，必須選用年長專用或老狗專用的狗糧，或者在乾狗糧加些熱牛奶或湯汁，弄軟一些方便食用。自製狗食的話，也以高蛋白、低熱量的食物最適合老狗食用。

若老化的柴犬身體不想動，對食物仍然執著的話，容易引發肥胖，所以要根據身體的狀況，逐漸減少餵食的份量。

運動

即使老了 每天仍需要 規律的運動

變成老狗以後……

和人一樣，老狗的行動也會變得不方便，飼主更要溫柔以對。

耳朵

聽力逐漸喪失，但嗅覺還很靈敏，不至於讓牠的生活產生極大困擾。

眼睛

眼睛逐漸看不到，飼主不要經常移動家裡的擺設。

皮毛

逐漸失去光澤，但還是要每天幫牠刷毛，促進血液循環。

四肢

腰腿日漸無力，地板可加上墊子，避免老狗摔跤。

狗狗雖然老了，但還是要有合適的飲食或運動，保持規律的生活。

老了的柴犬體力越來越差，如果完全不運動的話，會導致食慾不振。或者因為不愛動反而更貪吃，而變得更胖。所以，飼主還是要每天帶牠出去做運動。這時可以散步三十分鐘的運動量取代之前的腳踏車運動，隨著狗齡的增加，要減少運動量。

照顧 每天要溫柔對話整理皮毛

老狗的皮毛雖然日漸失去光澤，但只要每天確實梳理，還是可以保持一定的美感。飼主應該每天溫柔地和狗狗說說話，幫牠整理一身的皮毛。老狗若正值換毛期，需要比年輕時花更多的時間去整理。

上了年紀的老狗，食物偏向柔軟好消化，比較容易形成牙結石，造成牙齦發炎，牙齒鬆脫或嚴重口臭。所以，這時的口腔護理要更加謹慎，儘早清除牙結石。

健康 保持規律生活是維護健康的要訣

隨著身體機能的衰退，老狗也容易出現各式各樣的毛病。不正常的排便排尿也是引起疾病的原因之一，所以，養成去外面散步才有排泄習慣的狗狗，更需要每天帶出去運動，而保持規律生活更是維護健康的一大要訣呢！

此外，別忘了每年帶狗狗做一次健康檢查，需要時還可接受更精細的檢查。

老狗容易罹患的毛病

隨著新陳代謝機能的衰退，老狗容易罹患皮膚病或呼吸器官方面的疾病；但眼睛的問題還是以老化引發的白內障最常見。這時老狗的水晶體變白渾濁，甚至會引起失明。不過，這時牠的嗅覺還是很靈，不至於產生很大的困擾。

至於呼吸器官方面的疾病，要特別留意支氣管炎或肺炎，尤其是會傳染的支氣管炎，常因激烈咳嗽大幅消耗體力，使狗狗的身體變得衰弱，所以即使是輕微咳嗽也不要輕忽。再者，避免讓老狗發福，要預防糖尿病或心臟病（老狗常會出現心臟瓣膜症）。

柴犬會客室

CHATROOM

這裡有四隻柴犬好朋友正在聊天喔！讓我們來聽聽看牠們正在說甚麼悄悄話——

太郎　大家好，今天我們就針對「從柴犬看主人」的主題，發表自己的感想。不管大夥有甚麼牢騷或不滿，通通可以講出來喔！

花子　我的主人老是在別人面前說：「這小傢伙真是笨手笨腳！」聽得我真是不舒服！

小桃子　花子，妳別介意啦！其實這有時是主人喜歡妳的表示；真的呦！我自己最近也有這種感覺，難道妳不覺得主人很疼妳嗎？

花子　嗯……真的呢！像我的睡鋪還特別繡上「花子」二字，每天媽咪都會親自幫我調配營養的狗食，散步時間還足足有一小時呢！

大家：哇……真的嗎？這樣妳就不要太在意了，其實妳的主人真的很疼妳呢！對自己要有信心喔！

小龍　剛剛花子有提到「媽咪親自調配營養的狗食」，不知大夥對這個有甚麼感覺？像我的話，都只吃又脆又硬的乾狗糧。

大家：耶……真的嗎？

小桃子　我家基本上是吃乾狗糧，但有時也會吃自製的狗食。像加了蔬菜或雞胸肉的米飯雜燴粥，吃起來味道棒呆了。

飼主的話：
柴犬是一種需要較多運動量的犬種。但是，不要亂無章法地帶牠出門散步，應該找出最適合狗狗個性的散步方法。

出場的狗兒們

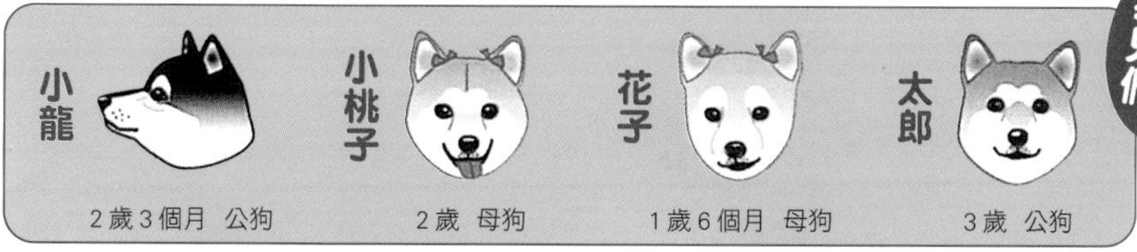

飼主的話： 狗糧含有均衡的營養成分，使用上十分方便。如果要自製狗食的話，要小心一些對人無害但對狗有害的食物喔！

飼主的話： 就算要讓愛犬交朋友，也不要強迫牠，否則會造成反效果。狗狗也有自己的社會常規，飼主只要一旁靜靜守護，尊重犬隻們彼此的溝通即可。

大家： ？？？？

小龍： 真好啊！我也想嚐嚐看呢！我的主人好像不太愛我呢……！

太郎： 沒有這回事啦！我曾經聽獸醫說過，乾狗糧含有我們需要的所有營養成分，對健康比較有保障。所以，很多飼主才會用乾狗糧餵我們。不過，偶爾也想吃點不一樣的東西呢！

小桃子： 我的主人有一點讓我比較傷腦筋。他老是要我跟其他的狗狗相親相愛，有時真的叫我很為難，又不是每隻狗狗我都很「麻吉」……。

花子： 沒錯！像我啊只要發出「嗯……」的遲疑聲，就要挨罵了！不過，我好喜歡附近的lucky（一副陶醉模樣），只要看到牠我就好滿足了……。

小龍： （充耳不聞）我想請教大家，會不會覺得人類的幼童很討厭？我覺得他們好自私又吵鬧又粗魯……，真想離家出走呢！

大家： 哇……不成！不成！

太郎： 其實人類的幼童不一定都是這樣的啦！通常家裡有養狗的小孩，都會知道我們不喜歡的事情。像小龍應該是養在外面喔……你的狗屋擺在哪裡呢？

小龍： 正好面對玄關，經常有放學經過的孩子會來戲弄我……。

太郎： 那可真不是一個好位置，應該請主人換個地方呢！

花子： 對不起，我知道突然轉移話題不太禮貌……不過，你們有沒有看到今天的報紙？前面的一郎家要生小柴犬了呢……！

大家： 哇……真的嗎？真不愧是一郎，好厲害喔！

（以下仍在吱吱喳喳中）

飼主的話： 狗屋應該放在狗狗可以安心休息的地方；像小龍所說的地點，常有太多閒雜人等經過，會讓牠感到莫大的壓力。

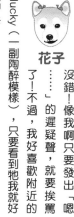

二三事！

加油……加油……！
咦……腳腳怎麼伸不
進去啊……？

這是我最俏皮的表
情！喜歡嗎？！

柴犬心情

越看越令人難以忘懷的素雅容顏

我聞……我用力聞……！這就是我的問候方式！！

玩夠了，肚子好餓喔！
喝點ㄋㄟㄋㄟ補充元氣吧！

「你先背我到那棵樹下，再換我背你！」
「哇……你真重耶……該減肥了！」

我們倆是雙胞胎，分得出來嗎？看看胸前的斑點喔！

捲曲上翹的尾巴，是我們最具特色的標誌喔！

我們倆從前面看、
側面看都很像吧？！

在雪地裡奔跑真過癮！

這是我的絕活喔！！你瞧，站著也能睡覺呢！
很厲害吧！

可愛極了的柴犬幼犬

疲憊時看看這些可愛的小柴犬，包你元氣大增！

漏網鏡頭！

第4章

加深柴犬與人之間的情感課題

第4章

訓練的根本構築於信賴關係上

成為愛犬信賴的領導者。

有一個值得信賴的領導者兼飼主，對狗狗來說是一大福氣呦！

狗狗有服從群體領導者的習性

狗狗的訓練就是要把牠教育成，能適應人類社會規範的狗狗，尤其是幼犬期有無良好的訓練，對日後的人犬共同生活有極大的影響；故從幼犬兩～三個月大起，就要慢慢給予訓練。

至於訓練能否得心應手，就要看飼主是不是了解狗狗的習性。因爲狗狗習慣以群體中的領導者爲依歸，會樂於服從領導者或階級比牠高的人；反之，會抗拒階級比牠低者。亦即，飼主如果沒有取得狗狗的領導權或比牠高的地位，即使拚命要狗狗聽話服從，牠還是很難接受人的指揮或指令，無法教育訓練牠，甚至淪爲狗狗的支配者。因此，家裡的每個人都要站在上位，取得狗狗的領導權，才是順利進行訓練的前提。

成為深受狗狗信賴的領導者

獲得狗狗的信賴是讓牠認定飼主爲領導者的首要步驟。狗狗若缺乏被關愛的感覺，很難對飼主產生信賴感；所以飼主應該不厭其煩，帶狗狗出去做最喜歡的散步活動。而且，還要每天花些時間和牠一起嬉戲，跟狗狗培養感情。尤其當牠還是幼犬時，更要經常抱牠、摸牠，牠自然就會對飼主產生信賴與服從感。不過，再怎麼疼狗狗還是要有限度，一味地溺愛反而會造成反效果。

特別是幼犬期的狗狗更是可愛的

不得了，很容易讓人凡事都順著牠的喜好，日子一久，牠會誤以爲自己才是老大，反而不聽指令。所以，犯錯時還是要給予適當的處罰。

在生活中，不要將狗狗提升到與人相同的等級，爲取得領導權的必要條件。雖說有些狗狗會出現抗拒感，但對存在著明確上下階級感的狗狗來說，曖昧不明的關係更叫牠無所適從。所以，像嬉戲的開始與結束權都由飼主掌握，散步要跟隨飼主的步伐前進，吃飯時飼主吃完再餵狗狗，不要跟狗狗睡在同張床上等，日常生活裡的所有瑣事，飼主都要取得領導權，讓狗狗明白上下的主從關係。

如何當個稱職的飼主

●常帶狗狗出去散步

散步是狗狗最大的樂趣，一被剝奪容易對人產生不信任感。

●常和狗狗培養感情

邊和狗狗玩，邊溫柔地撫摸牠的全身，傳達自己的關懷之意。

●不要過度溺愛狗狗

如果讓狗狗予取予求的話，以後就很難訓練牠。

●取得狗狗的領導權

不管是散步或嬉戲，都由飼主取得領導權，讓狗狗了解主從的關係。

飼主要讓狗狗意識到自己在家裡的地位最低，必須服從其他人。

第4章 讚美與斥責的方法

讓狗狗明白事情的對與錯。

大大讚美是儘快學會的要訣

狗狗很喜歡被稱讚，教牠做任何事情時，如果大大地讚美牠，牠就會學得很快。當然，犯錯時一定要嚴加斥責，但光斥責沒有讚美，狗狗會裹足不前，凡事失去自信。尤其是訓練狗狗時，多多讚美少點斥責，更是成功訓練的基本態度呢！

讚美與斥責都有一定的原則

不管是讚美或斥責，如果狗狗不解其意，就無法獲得該有的效果。而且，一過了時間點再指正牠的話，狗狗根本無法理解，應該要當場教導牠；再者，像「不可以！」、「很好！」等訓練語彙，全家都要統一；對狗狗相同的行爲採取不一樣的訓練態度，會讓狗狗搞不清楚對錯。讚美時摸摸牠的胸或背部，顯示出欣慰與肯定的表情。不過，也別讓狗狗太興奮喔！

斥責時態度堅定地喝阻牠說：「不可以！」，如果態度不夠明確，狗狗可能也不當一回事呢！

柴犬原本就是脾氣剛強的犬種，就算被罵得很慘也不會失去鬥志，但嚴禁體罰牠；受到暴力毆打的狗狗會產生被攻擊之感，接下來可能會對人類出現敵意呢！

需要嚴厲斥責狗狗時，可捲個報紙敲擊地板或牆壁，用聲響喝阻狗狗的行爲效果更好。

狗狗可以從人類微妙的表情變化或語氣，體會飼主真正的心意。

讚美與斥責的重點

讚美

●當場讚美牠

●輕輕撫摸牠的胸部或背部

●稍顯誇張的讚美，
更容易傳達主人的
心意。

斥責

●當場斥責牠

●不要過度情緒化

●同樣的行為要採取相同
的對待標準

●不要體罰狗狗

●飼主的態度
要堅定

●不要嘮嘮叨叨罵個沒完

如廁的訓練

事先決定好狗狗的如廁地點。

室內犬需要專屬的便器

　若將狗狗養在室內的話，要幫牠準備專屬的便器，從幼犬抱回家的那一天就開始訓練牠在此地排泄。

　並選個沒有人來人往的安靜地點鋪上寵物墊，用狗籠圍起來。在狗狗完全記住如廁地點之前，不要隨便更動。

　一般來說，吃完飯以後或早上起床時，都是幼犬想上廁所的時機，一天約上四~五次以上。飼主如仔細觀察即可發現排泄的週期，時間一到馬上帶去上廁所。或是發現狗狗顯得忐忑不安或四處聞來聞去時，都是想上廁所的徵兆，馬上帶去便器那裡。也可以帶到狗籠裡，等牠上玩廁所，再好好讚美牠。如此有耐心地反覆教導，一段時間之後牠就會記住如廁的地點了。

　在幼犬學會定點如廁之前，失敗是常有的事，飼主千萬不要過於指責，以免狗狗失去信心，反而偷偷地大小便。所以，當狗狗學會了某個階段就要好好讚美牠；萬一牠隨地大小便，一定要當場指責牠。然後，把「犯罪現場」清掃乾淨，千萬不能留下氣味以免狗狗再犯。

　如果希望狗狗去院子大小便的話，也是以同一要領反覆練習，一段時間後，幼犬就會忍到院子再大小便。養成習慣後，幼犬一天約上四次以上，成犬則是二次以上。

狗狗的散步與排泄

　如果一定要狗狗養成散步時在外面排泄的習慣，就要配合幼犬的排泄週期帶牠出去散步。幼犬隨著成長開始出去散步後，自然會養成忍到散步時間再排泄的習慣。這時飼主至少要一天帶牠出去散步兩次，方便牠排泄。如果天氣很差的話，就讓牠在住家附近排泄。不過，這樣有時不是挺方便的，可以的話，養在室內的狗狗也需要準備室內便器，養在室外的話，讓牠也有在院子排泄的習慣。

如廁的訓練方法

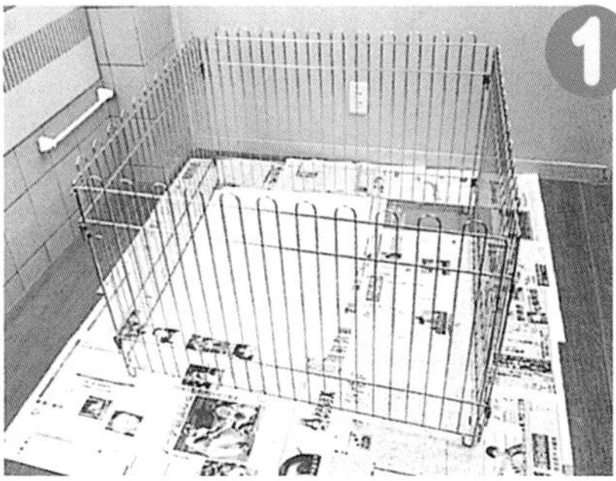

選個沒有人來人往的安靜地點鋪上寵物墊，用狗籠圍起來。如選在院子一隅設置便器的話，也要用狗籠圍起來，再鋪上泥土或砂石。

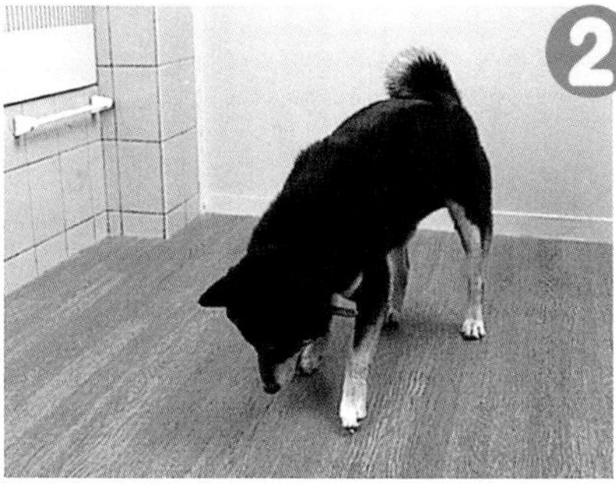

當狗狗開始聞地板，急著轉圈圈時，為尿意或便意的徵兆。在狗狗學會定點如廁之前，要注意觀察牠的行動，找出牠如廁的徵兆。

發現如廁徵兆後，馬上把牠抱進狗籠裡；或者是配合飯後或起床時的如廁週期，先讓牠進去裡面。讓牠習慣聽到：「尿尿囉！」這個指令就會排泄。

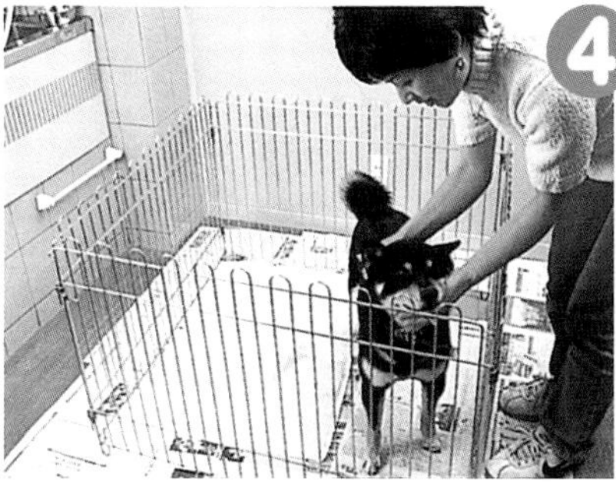

如廁後好好讚美牠。習慣後拆掉一邊的籠子，等牠完全學會了，再拿掉整個籠子。在牠還沒記住之前，留一些寵物墊的氣味誘導牠上廁所。

想更動如廁地點時

在牠記住如廁地點之前，絕不要隨便更動位置。若突然更動如廁地點，會造成牠的混亂。如果真的要更動，每天只能移10公分左右。此外，像便器的形狀、大小、放法或寵物墊的材質，即使更動也要跟之前的一樣。

從室內移到院子時，要以相同要領移動。

吃飯時間的訓練

吃飯是培養服從性的良機。

利用吃飯時訓練坐下和等一下

事先決定狗狗吃飯的地點，並等身爲領導者的飼主吃完以後再餵狗狗。

如果快到吃飯時間，牠一直叫催促主人張羅牠的飯也不予理會；一旦飼主有反應了，會讓牠養成用吠叫爲所欲爲的壞習慣。

吃飯的時候要讓狗狗聽從飼主的「坐下」、「等一下」和「開動」等指令再吃。這類的吃飯訓練，可以培養狗狗的服從性，要每天訓練讓牠養成習慣。狗碗不要直接放在地上，可放在與胸骨齊高的架子上。

如發現幼犬邊吃邊玩，當場把狗碗收起來，讓牠學習在一定的時間內把飯吃完。

基本上，狗狗只要正常地吃飯，無須再餵其他的食物。尤其是養在室內的狗狗，一看到人吃東西牠就在一旁搖尾乞憐，但這樣容易導致狗狗過胖，最好無視於牠的乞憐，讓牠約束自己的行爲。狗狗專用的點心，也只限於訓練時用來鼓勵狗狗的配合。

吃飯的訓練方法

先把狗碗拿到狗狗頭上，趁牠自然坐下來時對牠說：「坐下」；若牠乖乖坐好，再好好讚美牠。

將狗碗放在架子上，對著牠的臉伸出手命令牠：「等一下」，讓牠稍微等一下。如果牠想過來吃，把狗碗拿走重新訓練。

等個10秒鐘，讓狗狗聽到「開動」的命令再吃飯。從幼犬期就要讓牠養成即使人的手伸進狗碗裡，牠也不會生氣的習慣。

坐下和等一下的訓練隨時隨地都可以進行

想要讓狗狗安靜下來，或者是抑制牠的衝動行為時，「坐下」和「等一下」的訓練非常有用。從幼犬 6 個月大以後，可在室外進行這兩種訓練，讓牠不管是在任何狀況都能聽從飼主的指示。剛開始選在安靜的地點練習，習慣後再換到公園等刺激多的地方，每天只要訓練 10 分鐘即可；如狗狗配合得很好，要好好讚美牠。

等一下的訓練方法

1 先讓愛犬坐下面對自己，對著牠的臉伸出手命令牠：「等一下」。

2 飼主拉著牽繩慢慢往後退，若狗狗還想動，馬上命令牠：「等一下」讓牠靜止不動。

3 若牠乖乖等著，走上前好好讚美牠。習慣後，讓牠等著在牠周遭繞一圈，逐漸加長和狗狗的距離，直到狗狗還是待在原地不動。

坐下的訓練方法

1 方法如同吃飯的訓練。先將點心拿到狗狗頭上，命令牠：「坐下」，在狗狗坐下之前就要發出指令。

2 狗狗乖乖坐下後，先讚美再餵牠吃點心。這裡的點心可以分成小塊，避免餵太多；反覆在餵與不餵間訓練狗狗聽話。發出指令前先做目光的接觸。

過來的訓練

在家裡或院子學會以後，再到戶外練習。

肯定式的讚美是訓練成功的要訣

狗狗若從小就習慣被人一叫就過來的話，牠跟飼主的生活會非常愉快順利。

一開始先利用玩具吸引牠的注意，試著輕聲叫牠過來。如果牠真的乖乖過來，要溫柔地撫摸牠、拍拍牠、讚美牠，讓牠覺得很開心。萬一牠不肯過來你就大聲斥責的話，狗狗反而更害怕而不敢過來。此外，也不要因爲牠不肯過來就趕牠，以免牠被嚇到。

等幼犬六個月大以後，再帶到戶外練習，讓牠學會不論在哪裡叫牠，牠都會乖乖過來。

過來的訓練方法

利用玩具訓練

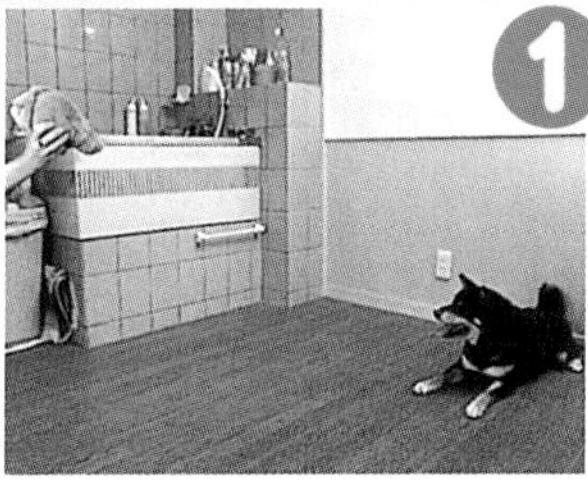

離狗狗一段距離，用玩具吸引牠的注意，再輕輕地叫牠「過來」。

等牠真的乖乖過來時，摸摸牠的身體，好好地讚美牠。

利用牽繩訓練

在室外可利用牽繩訓練。先讓牠坐著等，輕拉牽繩引導狗狗「過來」。

等牠真的過來，好好地讚美牠。習慣後利用長一點的牽繩，加長和狗狗間的距離。

進去狗屋的訓練

狗屋是愛犬的私人空間

即使是養在室內的狗狗，也需要一個獨自休息的私人空間——狗屋。如果幼犬三～四個月大以後，就能每天訓練牠聽從飼主的指令乖乖進去狗屋的話，對客人來訪、狗狗看家或坐車外出時都大有幫助。

飼主應該幫愛犬準備一個狗屋，裡面鋪個毛巾或放些狗狗喜歡的玩具，並將狗屋放在能讓狗狗看到家人感到安心的起居室一隅。

一開始叫牠「進去」，同時輕推牠的臀部，進去後一定要好好讚美牠；如此反覆練習，慢慢拉長牠和狗屋的距離，命令牠進去裡面。習慣後讓牠學會乖乖地待在狗屋裡。

進去狗屋的訓練

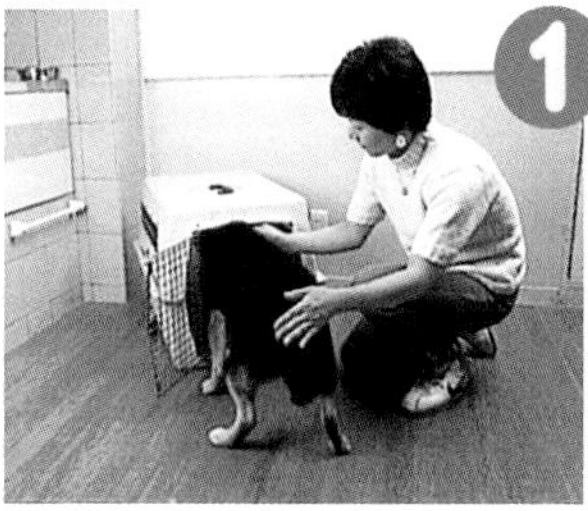

把狗狗帶到狗屋前面，叫牠「進去」同時輕推牠的臀部，誘導牠進去裡面。

進去後好好地讚美牠；如此反覆練習，直到牠聽到指令就自動進去狗屋裡面。

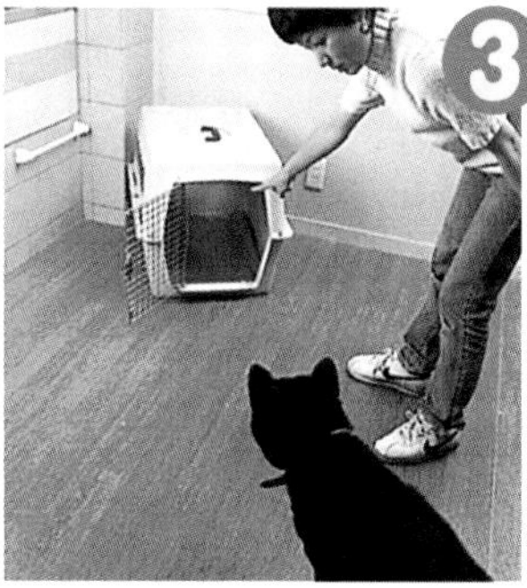

習慣後拉長牠和狗屋的距離，直到牠聽到指令就會進去。

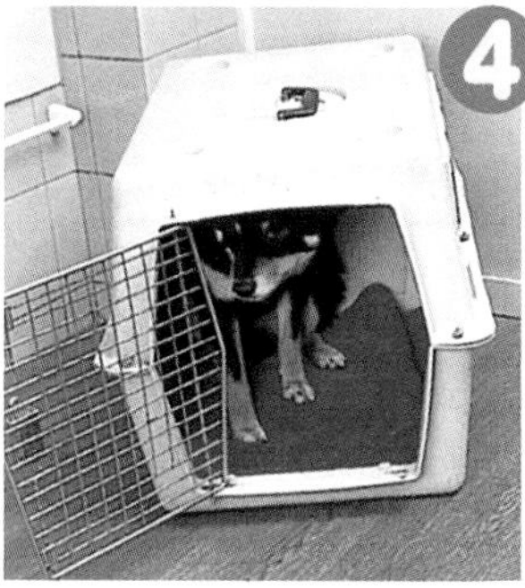

等牠習慣進去狗屋裡面後，給牠玩具關上籠門，讓牠在裡面待一會。即使牠想出來而大吼大叫，也不要理牠。

散步的訓練

配合飼主的步伐享受散步的樂趣。

散步的訓練方法

讓狗狗跟在飼主的左側，右手拉牽繩末端，左手拉牽繩中央，不要拉太緊，並做目光的接觸。

剛開始幼犬會跑到前面去，要命令牠：「慢一點」，瞬間拉一下牽繩，讓牠回到自己的旁邊。

有時可以改變行進方向、停下來，或改變速度。

等牠做得很好時，要好好地讚美牠。習慣後就可以自然地利用牽繩帶狗狗出去散步了。

狗狗散步時主導權仍在飼主手中

出生五～六個月，擁有絕佳獨立性的柴犬，常因受到某些氣味吸引，隨便拖著飼主到處跑。像這樣長期下去，狗狗會誤以爲自己才是老大。所以，即使是再普通不過的散步，主導權還是在飼主手中。到了這個時期，應該正式訓練狗狗配合飼主的步伐前進。進出家門時，讓狗狗等一下，由飼主先走；散步時讓狗狗走在自己的左側，如果牠想超前，用牽繩控制牠說：「慢一點」。

事先選好訓練的地點，抵達後先跟牠玩一下，練習時間約三十分鐘即可。等狗狗學會以後，就可以帶牠出門快樂地散步了。

萬一狗狗於散步途中想撿食路邊的東西吃，可瞬間拉扯牽繩喝阻牠：「不可以！」，同樣地若牠想亂吃其他犬隻的排泄物，也要加以制止。

飼主該有的公德心

帶狗狗出去散步時，不要在別人的門口或公園的砂池裡便便，等狗狗在適合的地點排泄後，要清理乾淨。項圈一定要繫上犬牌或名牌，等徹底學會「等一下」或「過來」等指令後，再解開牽繩，選個空曠地點讓狗狗自由地奔跑。

騎腳踏車帶狗狗運動時——

體型雖小但步伐矯健，運動量大的柴犬，很適合騎腳踏車帶出去運動。有時可試著讓牠全速快跑，鍛鍊牠的身心發展。剛開始等幼犬6個月大以後，先讓牠習慣快走；成犬的話，公狗可跑5公里，母狗可跑3公里。交通流量大的地方，要注意狗狗的安全。

先牽著腳踏車讓狗狗跟著走；左手緊拉牽繩，讓牠走在左側。

騎著腳踏車，讓狗狗快走 30 分鐘；再逐漸加快速度。

散步後的清潔維護

帶狗狗散步回來後，先幫牠刷毛，再用溼毛巾擦拭全身，尤其是嘴巴、眼睛四周或排泄部位都要仔細擦拭。

室內犬的話，別忘了洗腳；腳掌肉墊或趾縫也要擦乾淨。

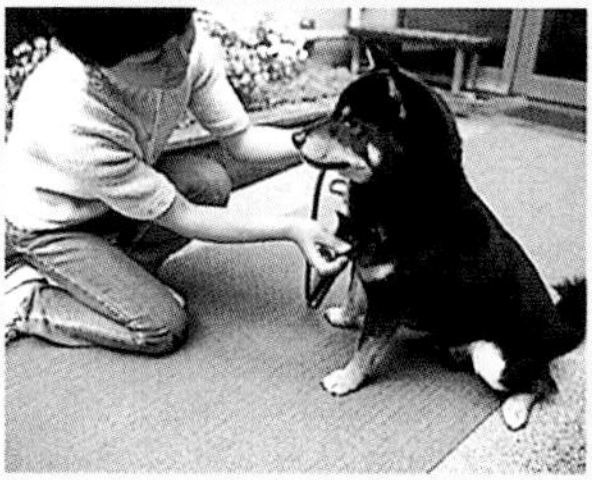

除了臉以外，全身都要刷，去除身上的灰塵或污垢。

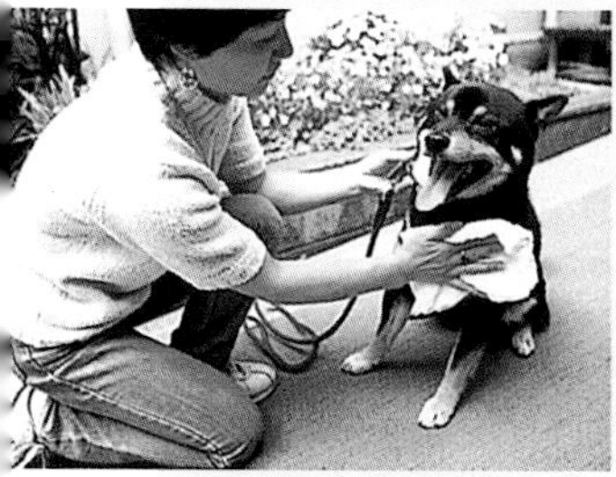

用溼毛巾輕輕從臉部開始擦，並幫狗狗全身按摩。

第4章 讓狗狗習慣坐車子。

狗狗坐車時的訓練方法

每天慢慢讓狗狗習慣坐車

家裡離動物醫院遠的人，或要帶狗狗出遠門時，都需要開車載狗狗。但是狗狗對於車子行駛間的噪音、震動或晃動時受到的負荷遠比人類還多，如果不習慣坐車的話，很容易暈車。一旦有了暈車的不適感，以後就更討厭坐車，所以要每天慢慢讓狗狗習慣坐車。

剛開始和狗狗在未啓動引擎的車子裡玩，讓牠習慣車內的氣氛；再打開引擎，讓牠習慣聲音與震動。沒問題以後再開車，先開個五分鐘，再慢慢延長爲十分鐘、三十分鐘。大概兩星期以後就會習慣了；然後定期載牠去公園或廣場等地遊戲，讓牠對坐車萌生好感。

用狗籠或攜帶型狗籃運載狗狗比較安全；不僅可減少晃動感，即使狗狗進入換毛期大量掉毛，也不會弄得整輛車都是狗毛。

放個玩具讓狗狗玩，可讓牠對車子裡的環境感到放心。

可陪狗狗坐在後座，煞車時扶著牠避免牠摔倒。

長距離開車如何防止狗狗暈車？

狗很容易暈車，出發前或行進途中除了水以外，避免餵食。飼主應保持平穩前進，避免緊急煞車或停車。若是長時間的車程，每隔1～2小時休息一下，並隨時保持車內空氣流通。如狗狗頻頻打哈欠或流口水，都是暈車的前兆，趕緊停車休息。可以的話，先讓牠服用暈車藥。

放進攜帶型狗籃或狗籠確保安全

坐車時，絕對不要讓狗狗在車裡過於自由，把牠裝進攜帶型狗籃或狗籠最安全。平日可依照訓練狗狗進去狗屋的要領，教狗狗乖乖地待在狗籠裡。沒有裝進狗籠的話，必須繫上狗狗專用的安全帶，或由駕駛以外的人抱著坐在後座。行駛間注意車內的溫度，隨時保持空氣流通。如要讓愛犬獨自留在車上，請將車子開到陰涼處，車窗開約五公分；夏天日照強烈時，不要單獨留牠在車內以免發生意外。

坐車時要預防以下的意外事故

不要讓狗狗把頭伸出車窗外

狗狗於車子行進間把頭伸出車窗的話，十分危險；如為了換氣，開一點車窗就夠了。

不要抱著狗狗開車

抱著狗狗開車可能發生危險，最好讓牠坐在後面。

不要讓狗狗單獨留在車內

夏天酷熱的暑氣會讓留在車裡的狗狗中暑或脫水，要特別注意。

上下車都要聽飼主的指令

不管上車或下車都要聽飼主的話，小心別用車門夾傷狗狗。

狗狗看家的訓練

狗狗不喜歡自己留在家裡看家

對習慣群體生活的狗狗來說，要自己留在家裡看家眞是一件苦差事。儘管如此，大部分的狗狗還是會認命地等到主人回來；可是，不習慣自己一個，覺得極度不安或害怕的狗狗，卻因而形成壓力，在家裡四處排泄、搗蛋或亂咬東西。再者，還可能因爲寂寞不斷地吠叫，讓鄰居深感困擾。

對飼主越依賴的狗狗，對離別一事越感不安。柴犬原本是一獨立性強的犬種，如果飼主過度溺愛或予取予求，難保牠不會陷入對看家深感不安的恐懼中。

先從短時間開始讓牠習慣看家

要讓狗狗習慣看家，就要讓牠意識到主人出門一定會回家，感到很放心。先從幾秒、幾分鐘的短時間外出，讓牠練習看家。再觀察情況，延長外出時間爲十分鐘、三十分鐘。

更重要的是，要讓牠覺得自己看家是很平常的事。出門時即使狗狗叫得多可憐，也不要對牠說：「對不起！」、「我馬上就回來！」等會引起牠不安的話；可以的話，最好甚麼都不要說。回家時也不必刻意說甚麼，萬一牠高興地狂吠大叫，要裝作沒事直到牠自己冷靜下來。

回家若看到零亂的屋子或大小便，千萬不要大驚小怪地指責牠；一

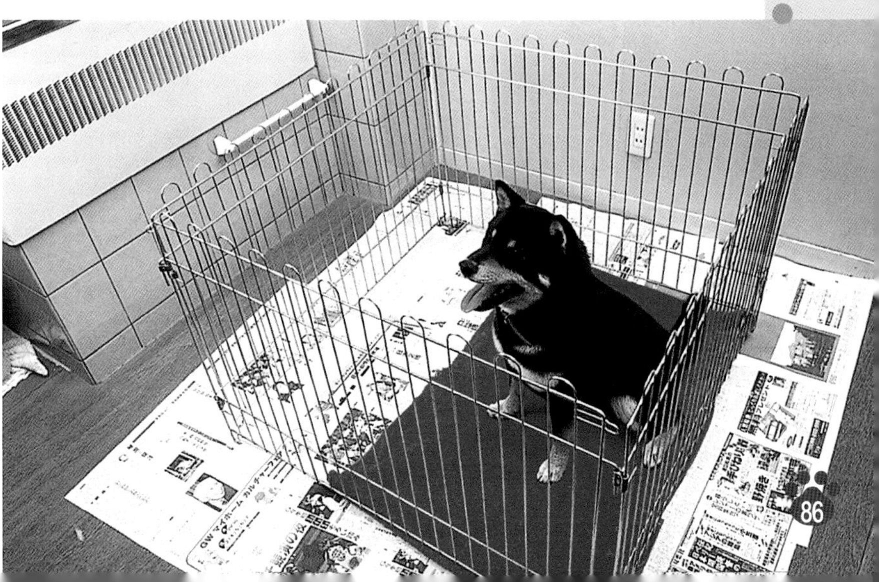

養在外面時，要注意狗狗看家時亂叫或逃脫等問題。

柴犬是一獨立又超會忍耐的犬種，應該很能適應看家的生活。

且發現這樣會引起主人的注意，牠下次還會出現類似的行爲。

外出前將房間收拾乾淨，幫狗狗準備一些喜歡的玩具，都可預防狗狗到處作怪；如果還不放心，把牠關進狗屋也是個好辦法。

再者，夏天記得打開空調，保持舒適的室溫。

讓愛犬看家的方法與注意事項

●家裡收拾乾淨 給牠一些玩具

只要家裡收拾整齊，狗狗就不會來搗蛋；再給牠一些玩具或狗狗專用的橡膠骨頭打發時間。

●注意室內的溫度

夏季室內悶熱，可打開空調讓室內維持舒適的溫度。

●若無其事地 外出或回家

出門時不要跟狗狗說一些會讓牠感到不安的話，回家後也要裝做若無其事的樣子。

●即使把家裡弄亂了 也不要生氣

即使狗狗把家裡弄得亂七八糟也不要罵牠，以免讓牠引人注意的「陰謀」得逞；趁牠不注意時再收拾乾淨即可。

第4章

找出原因以適當的方法解決。

從幼犬期就要改掉牠的壞習慣

責罵狗狗以前先找出真正的原因

狗狗讓人感到困擾或不便的壞習慣，都是問題行爲。

狗狗出現問題行爲的原因，可能和狗狗的習性、個性、遺傳特質、健康狀態、飼養環境、訓練方式或管理方法有關。如不找出引發這些問題行爲的背後因素，只是不分青紅皂白地罵牠，並不能解決問題反而讓情況更嚴重。

所以，碰上問題時先不要責罵牠，先找到原因再想辦法解決。而且，矯正時一定要確實掌握狗狗的習性或個性，才能找到適當的方法。

過度溺愛狗狗會引發問題行為

其實，狗狗許許多多的問題行爲，從幼犬期就已經養成習慣了。

例如，當幼犬咬人的手或撲到人的身上時，飼主常因爲牠只是幼犬而不予責罵或置之不理，等牠變成強有力的成犬時，牠還是會突然咬人或撲到人的身上；或者是只要牠一叫飼主就有反應，牠會誤以爲只要大叫就可以達到任何目的，養成亂叫的壞習慣。

一隻被過度溺愛的狗狗，抗拒心可能比較重，很難矯正牠的壞習慣。所以，若不希望家裡的狗狗變成讓人困擾的成犬，從幼犬期一出現不良的習性，就應該好好地加以矯正。

狗狗的壞習慣都是其來有自，應找出正確的原因。

問題行為 1 對著過往行人或狗狗亂吠

經過的行人或犬隻猶如入侵地盤的外敵，狗狗會吠叫加以警戒。

這是狗狗從地盤意識衍生出的自然行爲。對狗狗來說，自己生活的家或庭院就是自己的地盤，所以，經過屋外的人或犬隻就被視爲「外敵」。對著他們叫，是爲了威嚇對方不要入侵自己的地盤，同時提醒家人保持戒心。除非你刻意養一隻看家狗，否則儘量把狗屋移到不受干擾的地方；室內犬的話，不要老是讓牠注意到外面的動靜。千萬不要爲了讓牠安靜而大聲喊叫斥責，否則狗狗會誤以爲你在幫牠加油打氣，反而製造反效果。而且，一旦狗狗太興奮了，恐怕也聽不見你的聲音，不妨用捲好的報紙敲擊地板喝止牠繼續叫；或用裝了硬幣或豆子的空罐丟向狗狗身邊，利用巨大聲響讓牠安靜下來。叫完後命令牠坐下或等一下，幫牠冷靜下來。

狗狗開始亂叫時，馬上捲起報紙敲擊地板喝止牠繼續叫。

可試著把狗屋移到安靜的地點

問題行為 2 在院子裡挖洞

除了想讓身體涼快些、挖出洞裡的東西外，覺得很好玩也是動機之一。

想讓狗狗停止這種挖洞行爲時，要趁牠「挖得正高興」時大聲喝止；萬一喊了幾次牠還是繼續挖的話，馬上重新整理現場，不讓牠有機會再挖洞。再者，帶牠出去散步消耗能量也是一個好辦法。夏天要注意狗屋是不是太熱了，才會讓牠有這種行爲。

運動量不足或性格怯懦的狗狗常有挖洞行為，要給牠足夠的散步時間舒緩壓力。

問題行為 3 消除牠的反抗態度

一不如己意就亂咬亂叫的行為，乃過度溺愛的結果。

平日如果過於溺愛狗狗，牠會反客爲主以爲自己才是老大，出現一些亂叫亂咬或威嚇飼主的反抗態度。只要飼主改變平日的對待方式，取得領導權，即可解決這個問題。

凡事取得領導權，向狗狗顯示主從關係；如遭反抗立即嚴加斥責。

問題行為 4 玩耍時隨便咬主人的手

如默許幼犬含住人的手咬著玩，長大後牠會有不經意咬人的壞習慣。

對幼犬來說，稍微咬著主人的手，就像一種遊戲或嬉戲行爲。但是如默許這種行爲，牠會誤以爲咬人是正確的事，長大可能變成喜歡咬人的問題犬。

再者，飼主如對這種行爲感到害怕，狗狗會藉著「咬人」讓飼主唯命是從，久了反而讓牠爬到人的頭上去。

因此，從幼犬期就要禁止這種胡鬧的行爲，即使是玩得正高興被狗狗咬了，也要用手抓住牠的嘴，當場斥責牠：「不可以這樣！」，萬一牠還是繼續咬人，就應該中斷遊戲。

狗狗咬人的話，抓住牠的嘴斥責牠：「不可以！」，如果牠不咬了再讚美牠。

萬一牠又咬人，馬上中斷遊戲，讓牠知道亂咬人是不對的行為。

問題行為 5 散步時亂吠其他的狗狗

除了公狗想爭地盤威嚇對手外，不安或恐懼也會讓牠亂叫。

七個月大的公狗性徵成熟，開始萌生地盤意識。所以出去散步時，如遇上其他公狗，會對著牠們亂叫誇示自己的優越地位。如發覺牠想吠其他狗狗時，馬上斥責牠：「不可以！」同時扯一下牽繩給予告誡，讓牠坐下或等一下安靜下來。

有些狗狗（如幼犬期少有機會接觸其他犬隻的狗狗），則是因爲內心恐懼或不安，才會對其他犬隻亂叫。這時飼主可輕聲安撫牠：「沒事！不要緊張！」讓牠停止亂叫的行爲，並試著找一些活潑開朗的狗狗和牠成爲好朋友，幫牠適應狗狗社會的規矩。

一發現狗狗想叫時，立刻扯一下牽繩禁止牠：「不可以亂叫！」。

缺乏社會性的狗狗必須學習狗狗社會的規範，習慣其他犬隻的存在。

問題行為 6 吃自己的排泄物

狗狗天生就愛吃便便，很不衛生應該禁止。

如因營養不良或吃太多，或體內有寄生蟲消化不良引起這種行爲時，首先應該重新檢討飲食的內容。有時某些食物產生的便便會殘留添加劑的氣味，也是引誘狗狗吃便便的因素。原則上狗狗一便便，就要馬上清理乾淨；如果牠想去吃它，立刻制止這種行爲。

記住狗狗的排泄週期，立即清理便便或即時制止狗狗吃便便。

十八世紀的英國，獵人們各自帶著得意的獵犬較勁為犬展的起源。

第4章 狗狗的犬展處女秀

讓美美的愛犬出場秀一秀吧！

認識犬展的審查標準

所謂的犬展就是，各畜犬登錄團體爲了純血統犬隻的普及與質感的提升，甄選最近似犬種標準（犬種的理想形象）的最優秀犬的競賽。犬展的種類繁多，從單一犬種的小規模犬展，到許多犬種集聚而成的大型犬展都有。其犬種標準、審查方法或系統，也依各畜犬登錄團體而有差異。在此僅以日本一年舉辦最多次犬展的日本育犬協會之冠軍秀加以說明。

犬展的種類很多，有單犬種展、地方俱樂部的小型犬展、各地俱樂部舉行的聯合犬展或本部舉行的ＦＣＩ國際性犬展；幼犬必須在九個月大以後，才能參加正式的犬展。審查時，

決定最優秀犬的過程

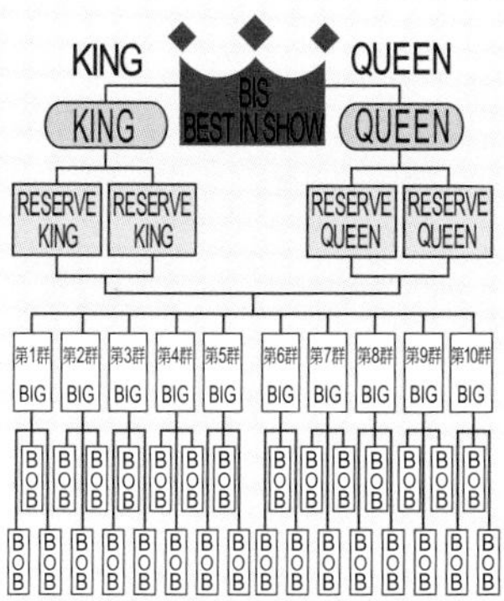

首先將參賽的狗狗依公母分成兩組，各自選出BOB（Best Of Group）。接下來這隻BOB，要和所屬族群的其他BOB競賽，獲勝的話，封為BIG（Best In Group）。這些BIG繼續比賽，選出公狗中的KING，母狗中的QUEEN。最後再從KING和QUEEN中選出當天最優秀犬BIS（Best In Show）。

除了以目測或觸審審查狗狗的質感或性格外，還要看看站立的姿勢或整體的樣子。每一犬種從審查開始，進入族群競賽到最後的冠軍爭霸賽，依照犬展的規模，有時還會區分成不同的性別或年齡分組競賽。

加入俱樂部成為會員才能參加犬展

想讓愛犬參加犬展的話，可向發行此犬種之血統證明書的畜犬登錄團體申請加入成爲會員，並作血統證明書的名義變更。成爲會員後，可收到刊載各種犬展的會報，想參加時再向主辦團體提出申請。

剛開始不妨參加一些由地方俱樂部舉辦的小型犬展，或無關頭銜的友誼賽。

若想讓愛犬在犬展中拔得頭籌，一隻素質優異的賽級柴犬是基本的「配備」，也需要相當的訓練。在步行審查項目中，當然還需要優秀的指導手帶著狗狗展現最佳的姿態。

參觀犬展

若有意讓愛犬參加犬展的話，就要找時間去犬展會場實地觀摩；除了大型的犬展外，很多犬展也會利用公園等空曠地點免費參展。飼主可以仔細參考有關犬展的流程、審查方法或規則，並找機會向出賽者請教狗狗的訓練或飼育管理等方法。不過，可別妨礙犬展的進行喔！

審查基準的六大重點

1 類型

審查員依照犬種標準（standard）審查此犬種具有哪些特有的體型或性質等。

2 完美度

從精神層面與肉體層面，全面性地觀察狗狗的健康狀態。通常審查員會摸摸狗狗進行接觸審查；這時若狗狗感到畏怯或加以攻擊，或者是骨架或肌肉發育不佳，都會被扣分。

3 品質

審查員會檢查狗狗是否充分發揮了此犬種特有的魅力與特質。

4 平衡感

審查狗狗的體型、性格或行動力等整體性是否協調。即使有某部分特別突出，如果整體缺乏協調性，狗狗還是會被扣分。

5 狀態

主要檢查狗狗平日的飲食、運動或照顧是否恰當？當天的身體狀況如何？

6 展示技巧

在犬展會場中，觀察哪隻狗狗最受評審青睞；指導手的展示技巧也會大大左右評分的結果。

column4

柴犬容易發福嗎？愛犬肥胖指數檢查法

肥胖為百病之源

跟人一樣，狗狗如果過胖，容易引起糖尿病、心血管疾病或關節障礙等不適。爲了愛犬的健康，飼主一定要小心維持牠標準的體型。

就柴犬的標準體重來看，公狗約爲八～十公斤，母狗約爲七～八公斤；不過，每隻狗狗的骨骼發育各有差異，理想體重只能當作基本的參考數值。一般來說，剛進入成犬期的狗狗少見肥胖的體型，若以此時的體重爲標準，至多可增加十五％左右。

再者，即使沒有幫狗狗量體重，還是可以經由目測或觸感，判斷狗狗有沒有太胖喔！

減肥大作戰——飲食與運動療法

肥胖幾乎都是因爲缺乏足夠的運動量，又吃太多所引起。想幫狗狗減肥，首要步驟就是禁止牠吃零食，把食物全部換成乾狗糧，份量減爲原來的三分之二，並分成早午晚三次餵食。此外，還需要飼主的意志力，延長散步時間，有意識地增加狗狗的運動量。萬一已經出現肥胖併發症的話，減肥一事需在獸醫的指導下進行。

摸摸看，能摸到肋骨嗎？

輕輕觸摸狗狗兩側的肋骨，一下子就能摸到凹凸不一的骨頭，表示牠身材很標準。如果需要多摸幾次才能確定的話，狗狗有可能胖了些；萬一脂肪很厚，又摸不到骨頭，表示牠太胖了需要減肥。

從正下方看得見身體的曲線嗎？

讓狗狗直立站好，如果從正下方看得到身體的曲線，表示牠的體型正常；若肚子鼓起，有可能過胖。從側面看，比較胖的狗狗從後腳到下腹部的線條鬆弛，較有肉肉感。

第5章

給狗狗全方位的照顧

第5章

讓狗狗習慣被人撫摸

觸摸狗狗的身體，培養牠的服從性。

從幼犬期就習慣被人撫摸全身

狗狗的肚子、嘴巴、耳朵、腳尖或尾巴等部位，都相當敏感且重要，隨著牠的身心日益成長茁壯，牠會對這些部位特別警戒，一旦被碰到，可能心生抗拒；如果又被亂摸的話，難保不會出現齜牙咧嘴的凶狠模樣。

如此一來，不僅洗澡、修剪指甲或清除耳垢等日常的保養無法進行，甚至帶去動物醫院時，也無法乖乖地接受獸醫的檢查或治療。所以，從幼犬期就要有意識地接觸狗狗的身體，讓牠習慣被人撫摸，培養對人類的信賴與服從感，以後不管你怎麼摸牠，牠就不會排斥了。

靜靜地抱住狗狗給牠安全感

要撫摸狗狗全身以前，先靜靜地抱住狗狗，給牠十足的安全感。

等狗狗整個安靜下來，再溫柔地跟牠說：「好棒！好乖！」，然後舉起牠的上半身輕輕撫摸牠的胸口。

若狗狗不習慣想要抗拒，不要罵牠，稍微用力抱緊一些制止牠亂動。

●抱狗狗的標準姿勢

先讓幼犬坐著，用雙手從後面輕輕把牠抱起來；保持這個姿勢直到牠安靜下來。

一手撐住幼犬的上半身，輕輕撫摸牠的胸口到頸部；若幼犬想抗拒，可稍微用力抱緊些。

讓牠躺著撫摸身體

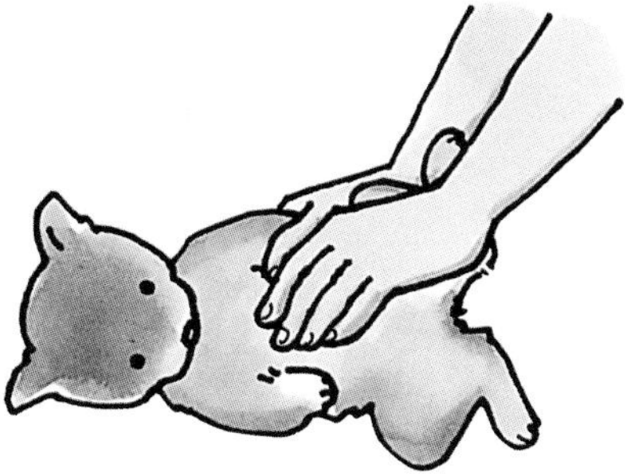

從抱著幼犬輕輕地讓牠躺下來，牠若想亂動，壓著牠的腳或腰部，試圖讓牠冷靜下來。

撫摸四肢

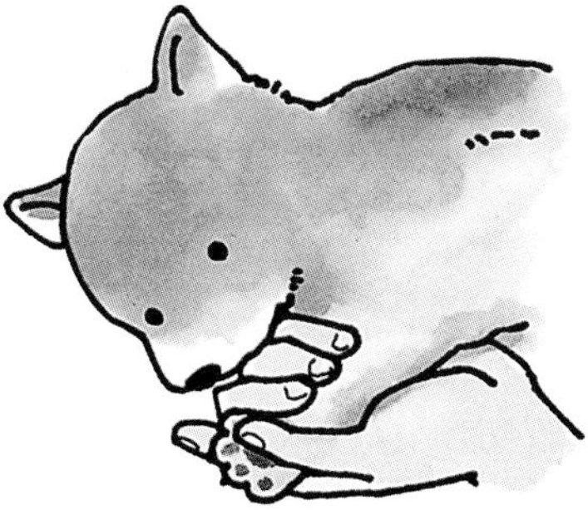

從前腳開始撫摸，輕壓著腳掌肉墊；趾溝、趾縫或爪子也要輕輕地摸；後腳也是一樣。

摸耳朵

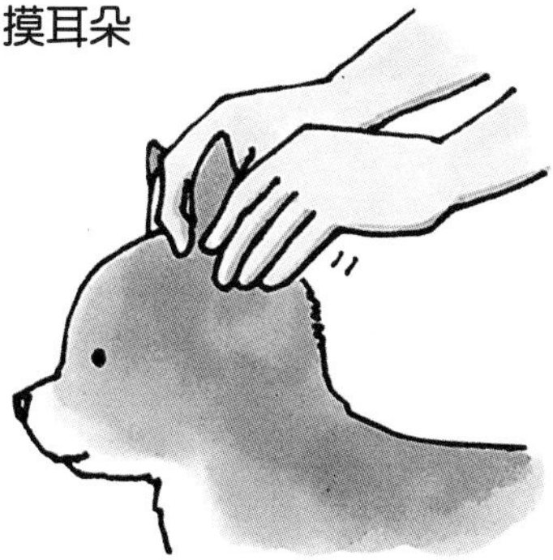

一開始先輕輕搓揉似地撫摸耳朵根部，習慣了再摸耳朵裡面或末端。

摸肚皮

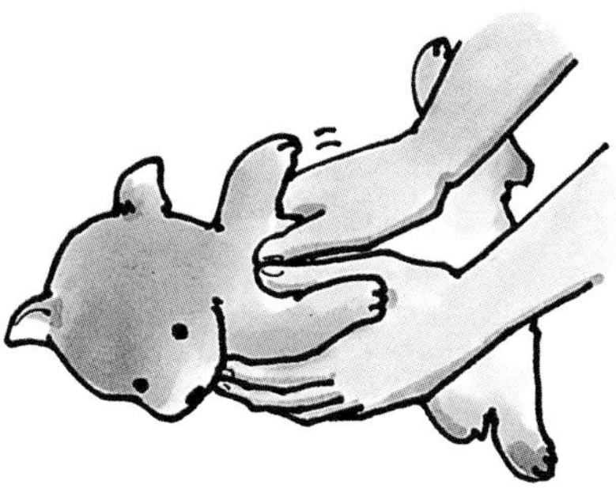

讓狗狗仰躺著，摸完胸部和頸部，再摸大腿根部或腹部，尾巴也要從根部摸到末端。

把手放到嘴裡

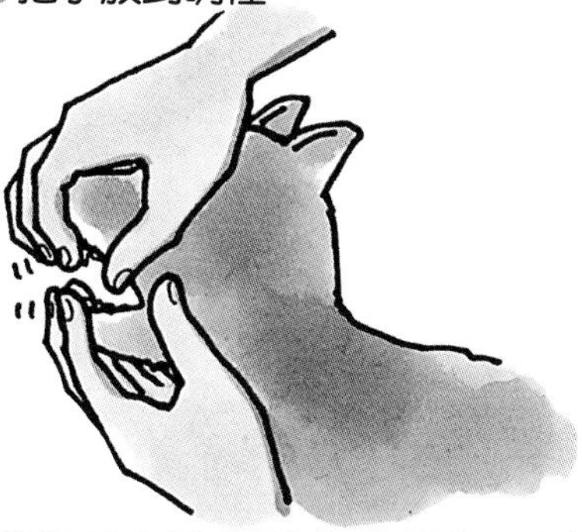

先摸嘴巴四周，再打開牠的嘴巴伸手摸牠的牙齒或牙齦。

第5章

每天刷毛培養人犬之間的感情。

整理皮毛讓狗狗釋放壓力

整理皮毛好處多多

所謂的整理皮毛包括了刷毛、洗澡、剪指甲等，狗狗的全方位照顧。整理皮毛不單是爲了讓狗狗看起來更漂亮，也爲了保持身體的清潔，以預防疾病。其中以刷毛爲基本的保養步驟；刷毛除了可以去除身上的舊毛、灰塵或寄生蟲，還能適度地刺激皮膚，促進血液循環，提高新陳代謝。再者，刷毛時撫摸狗狗全身，也可以培養牠的服從性。柴犬的體毛屬於短硬毛種，不容易弄髒也不易起毛球，但經常換毛，需要每天刷除老舊皮毛。刷毛的用具以清除老舊皮毛效果佳的軟針梳，以及不易起靜電，可刷出皮毛光澤質地稍硬的獸毛刷最適合。尤其到了換毛期，利用耙毛器，更可有效地刮除老舊皮毛。

何謂換毛期？

狗狗從冬毛換成夏毛、從夏毛換成冬毛的體毛更換期，稱為「換毛期」。基本上從春天到夏天，以及從秋天到冬天，一年共有兩次換毛期，像柴犬這種表面的硬毛下面，還有一層綿密軟毛的雙層毛種，若不仔細刷毛清除老舊的死毛，身體會異常悶溼出現皮膚病。

如何防止蚤蟎類滋生？

平日要保持室內室外的清潔，擺在外面的狗屋要保持通風，打掃後曝曬陽光消毒。如有絨毛玩具或毛巾，記得煮沸消毒。

如發現蚤蟎類或黑色粉末狀的蚤糞，可洗藥浴去除，給狗狗服藥是最佳的預防方法。

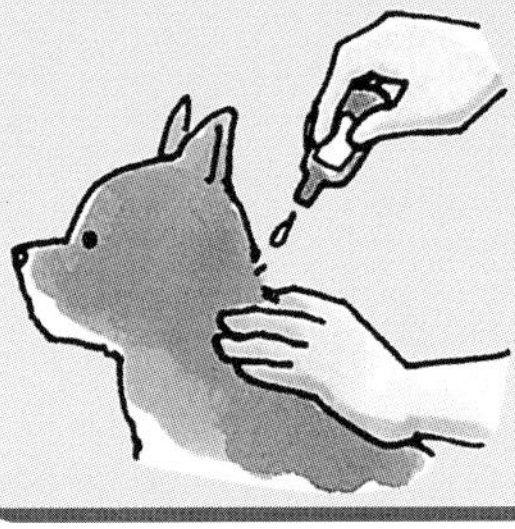

刷毛的方法

一手攏起皮毛，手腕與皮膚平行移動梳開，不要太用力。

將前腳舉高，從上往下梳開胸口的皮毛。

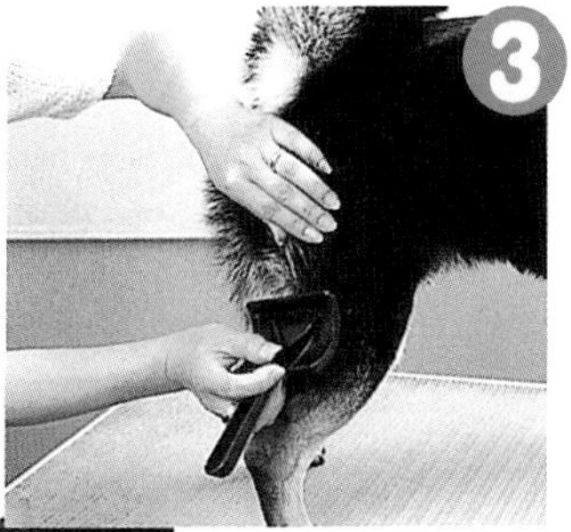

屁股周遭的毛叢生，要小心梳開。

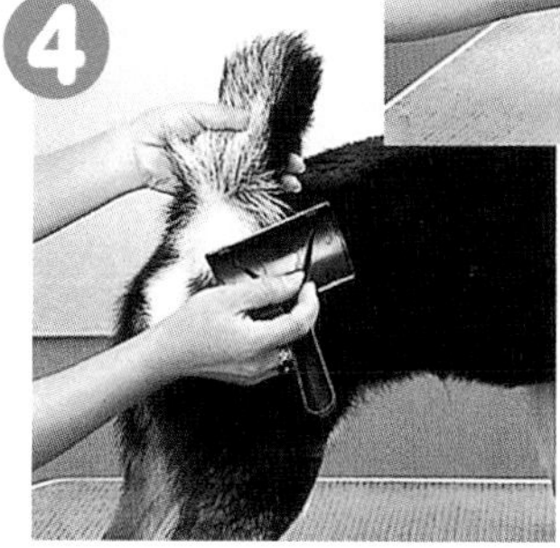

尾巴要從根部梳向末端，小心別用力拉扯皮毛。

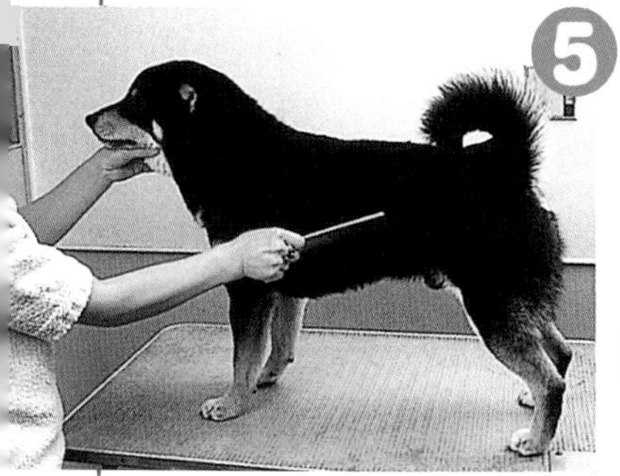

全身梳完後，再用美容梳整理毛海。

軟針梳

可適度刺激狗狗皮膚，清除老舊的皮毛，但用法不當時會傷及皮膚，可選用針齒稍短的軟針型。

美容梳

金屬製的排梳，可輕輕刺激皮膚，整理毛海。

耙毛器

換毛期很適合用來刮除老舊皮毛。先梳開裡層毛，清除死毛才不會傷到皮膚，最後用美容梳和獸毛刷修飾。

獸毛刷

不易起靜電，可刷出皮毛的光澤；可選用質地稍硬的獸毛刷清除皮毛內部的污垢。

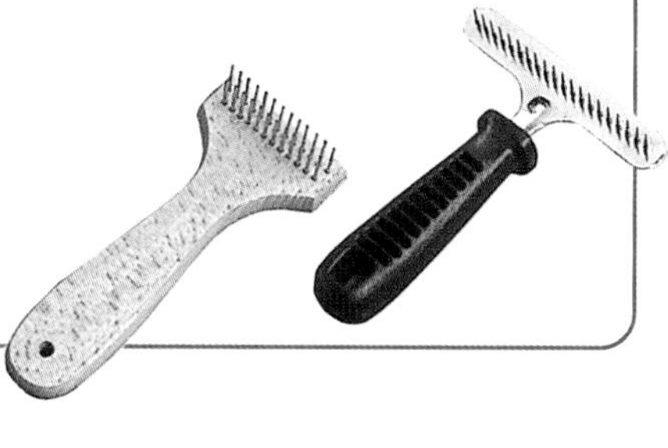

第5章

定期洗澡保持皮膚的清潔

洗澡的動作要快，狗狗才不會太累。

狗狗洗澡用的物品

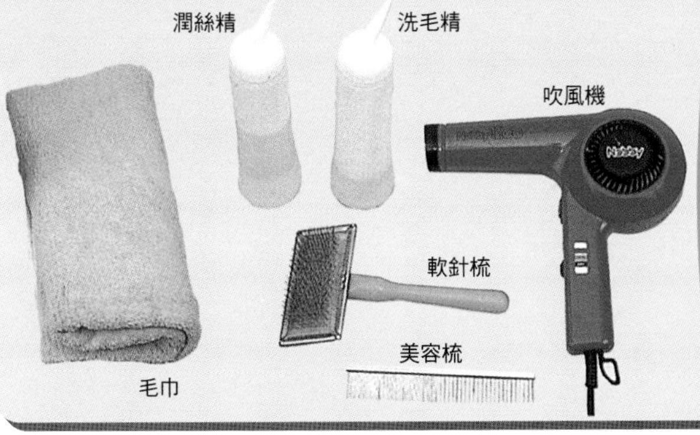

沐浴次數每二個月一～兩次為準

幫狗狗洗澡可以幫牠去除平常刷不掉的污垢、黏在皮膚上的髒東西或減少體臭。像柴犬本身的體質很符合日本的風土，只要等污垢或體臭較明顯時，大約每二個月洗一～兩次即可。若洗過頭，反而會傷害牠的皮膚造成發炎，或讓皮毛失去光澤，要特別注意。

到了換毛期若想增加洗澡次數，促進皮毛更換的話，可以不用洗毛精直接清洗。

狗狗第一次洗澡時—

狗狗第一次洗澡，要等牠注射過疫苗後幾週，比較安心，並選擇牠健康狀態良好的時候，在最短的時間內完成。這時蓮蓬頭的水柱或吹風機的風量都不要太大，並輕聲安撫牠不安的情緒，洗毛精以刺激性低的幼犬專用型較合適。

一手拖起幼犬胸部，用手指撐住腋下和下顎，從臀部開始沖水。

在院子幫狗狗洗澡

狗狗養在室外，想在院子（最好是在水泥地面）幫牠洗澡時，要選在溫暖的午前，以免狗狗感冒。養在室外的狗狗很容易髒，洗完後一定要用吹風機好好將裡層毛也吹乾，預防皮膚悶溼發炎或長溼疹。

水泥地面排水性佳，最適合在這裡幫狗狗洗澡。沒有的話，地板鋪成的架子也可以，在完全乾燥以前別讓狗狗亂跑。

洗澡之前的萬全準備

選在溫暖的午前幫狗狗洗澡，並事先把所有的洗澡物品準備好，動作要迅速仔細，狗狗才不會太累。萬一狗狗動來動去不合作，可繫上牽繩讓牠固定。洗澡之前原則上還是要先刷毛再洗。

不適合幫狗狗洗澡的時機

有些狗狗很怕洗澡，儘量選在牠們的身體狀況良好時，再幫牠們洗。若狗狗有發燒、下痢等不適症狀；或母狗發情期、產前產後、出生 3 個月內的幼犬或剛打完疫苗，都不適合洗澡。洗澡前先檢查全身的皮膚、眼睛和耳朵，如有異常先治好再洗。

洗澡的方法

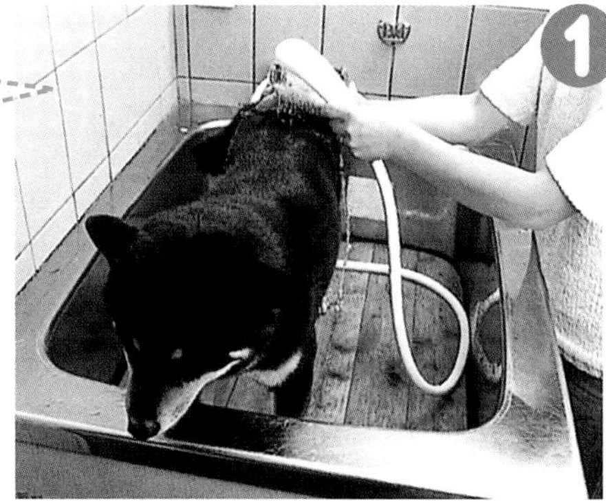

1

從臀部往前面沖一遍，確定裡層毛也打溼了。

蓮蓬頭的水溫調整

蓮蓬頭的水溫可調整於人體的溫度（37℃左右），水壓不要太強。

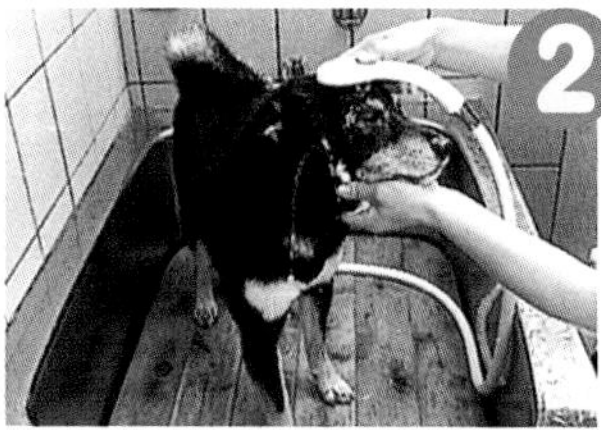

2

將蓮蓬頭按壓於頭頂，避免水花四濺，將臉部淋溼。

洗毛精
選用刺激性少的弱酸性洗毛精，先稀釋後再使用。

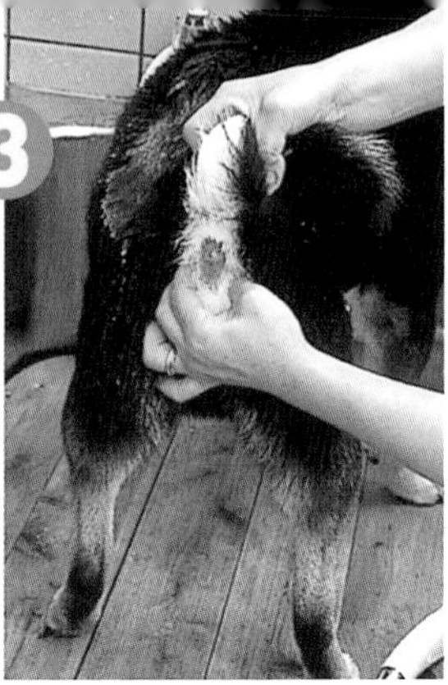

擠壓肛門腺，擠壓方法可參考105頁。

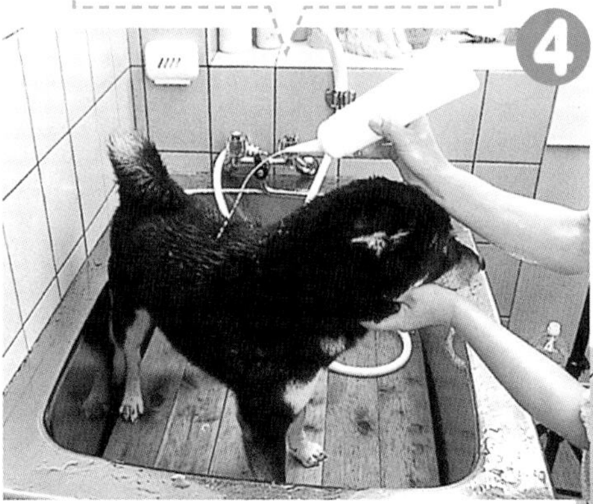

除了頭部以外，將洗毛精淋到狗狗身上。

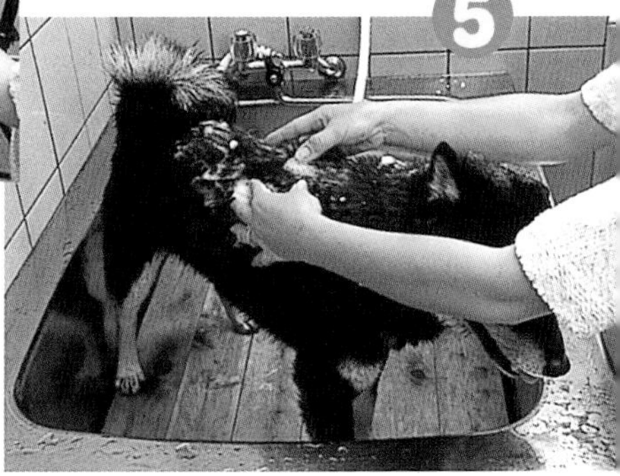

用指腹充分搓洗，按摩全身。

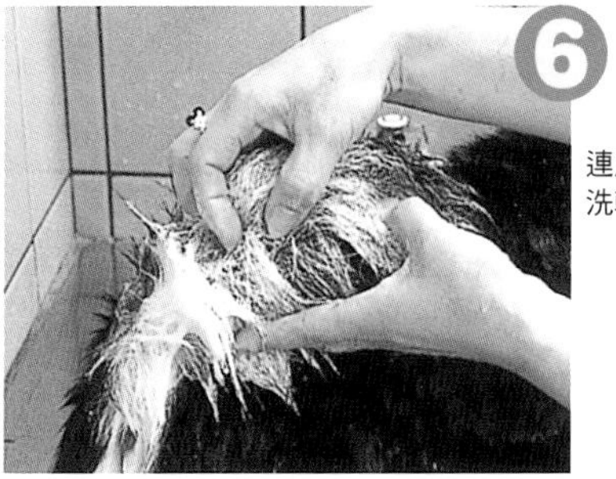

連尾巴也要搓洗乾淨。

仔細搓洗趾縫和腳掌肉墊。

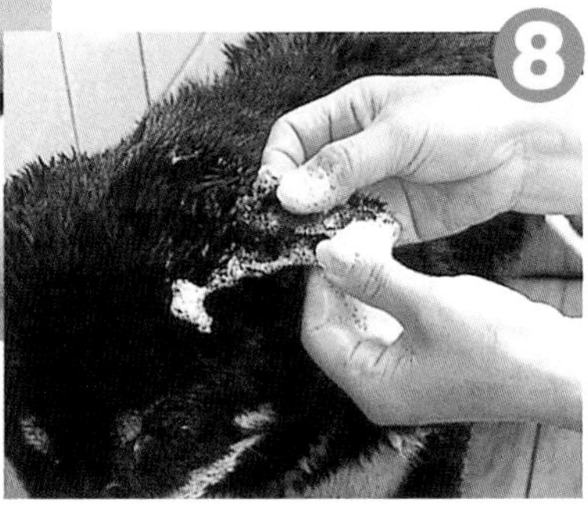

洗耳朵要小心，別讓耳朵進水了。

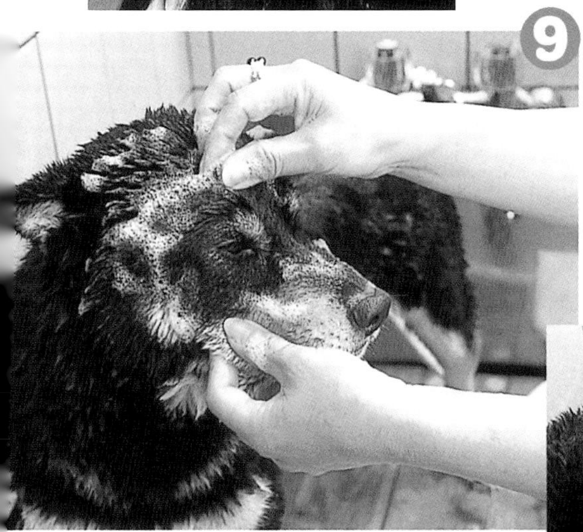

利用身上的泡泡洗臉，眼睛或嘴巴四周也要洗乾淨。

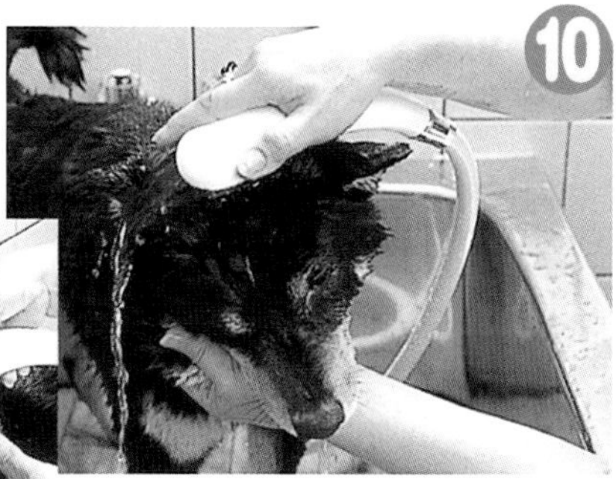

從臉開始沖乾淨，包括眼睛裡面也要洗乾淨。

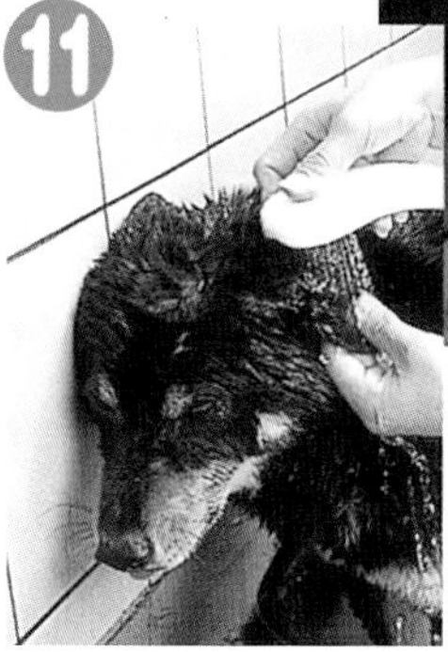

一手摀住耳朵再沖水。

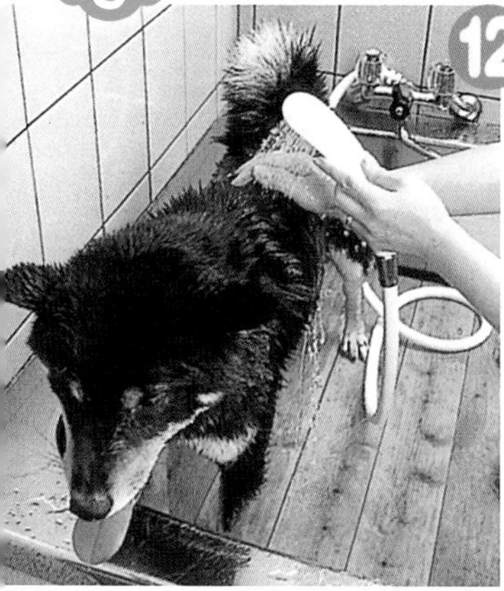

沖到身體沒有黏滑感，四肢內側或腳底也要沖乾淨。

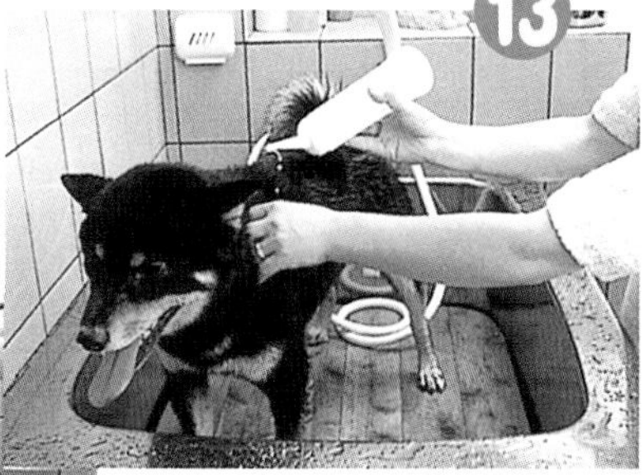

潤絲精先稀釋備用，除了臉部外搓揉全身。

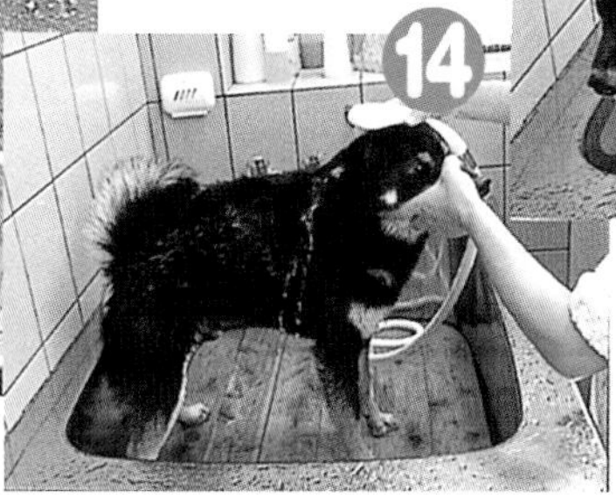

沖完潤絲精後，用手擠乾身上的水氣。

讓狗狗自己甩乾水氣，也是省時的好辦法。

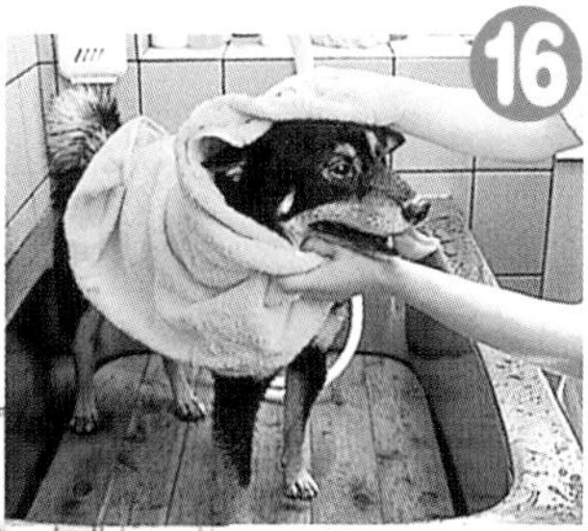

再用浴巾包住狗狗擦乾身體，加速乾燥。

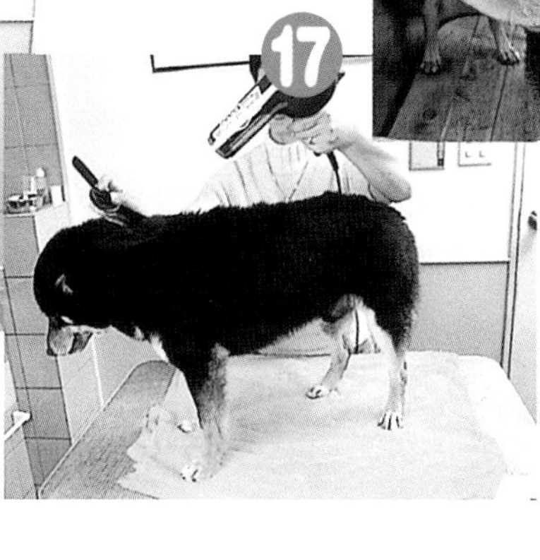

用軟針梳邊梳邊吹，連裡層毛也要徹底吹乾，以免狗狗感冒或出現皮膚炎。

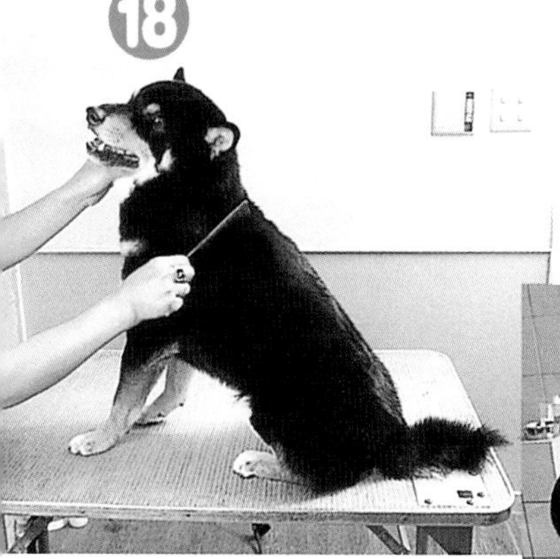

最後用美容梳整理毛海。

第5章 耳、眼、齒、肛門、爪的照顧

身體各部位的照顧也是健康管理的一環。

耳朵 每個月清理一次耳垢

耳垢堆積是引發惡臭或外耳炎的原因。柴犬雖是透氣性佳的立耳，還是需要每個月清理一次耳垢。可用捲上棉花的鉗子或棉花棒，沾上潔耳劑仔細地清乾淨。

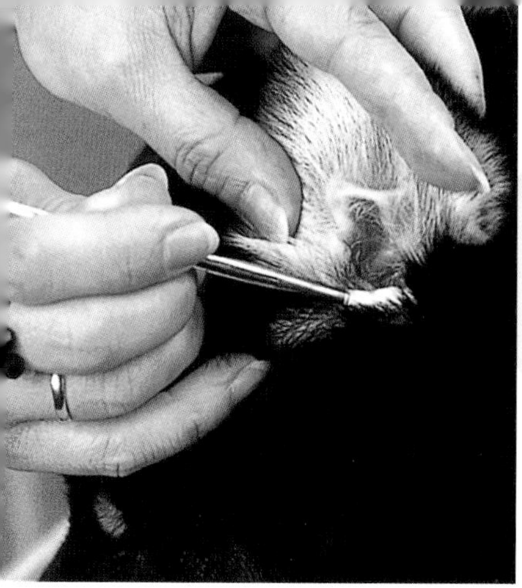

用鉗子小心清理耳垢，別傷及耳朵的黏膜。

眼睛 眼屎要仔細擦乾淨

用熱毛巾或沾溼的棉球，輕輕擦掉眼屎，避免傷及皮膚。擦的時候留意眼屎的顏色有無異常。

像灰塵或洗澡水跑進眼睛時，可用生理食鹽水或稀釋過的硼酸水，把眼睛沖乾淨即可。

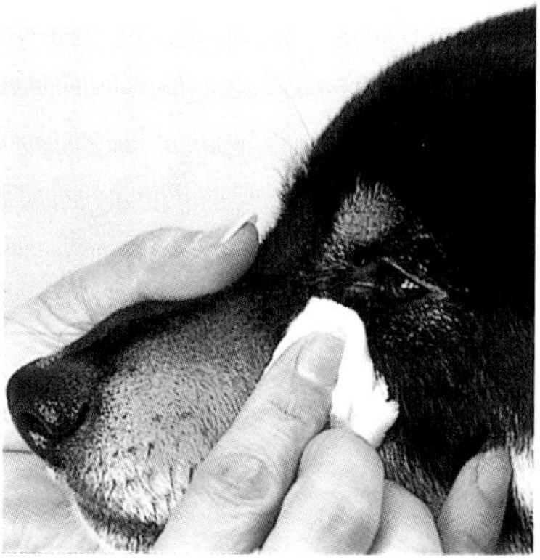

抓住狗狗下顎，用溼棉花輕輕擦拭眼屎。

牙齒 每天刷牙是維護牙齒健康的好習慣

爲了防止狗狗蛀牙或出現牙周病，記得每天幫牠刷牙。飼主可利用幼犬專用牙刷，或以指頭捲上紗布清除牙垢，並按摩牙齦。平常讓牠吃一些堅硬的乾狗糧或固齒玩具，也是預防牙結石的好方法。

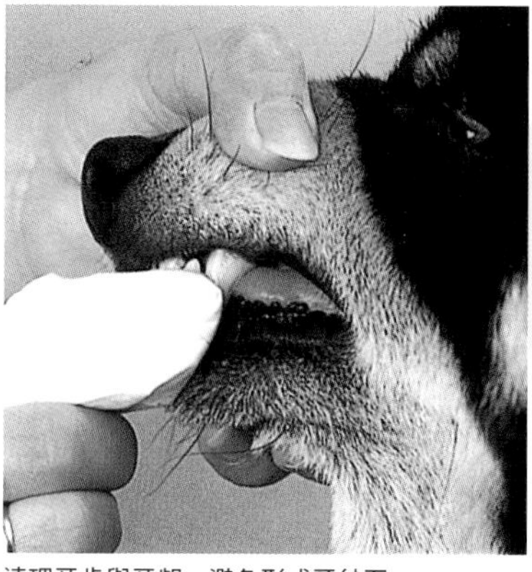

清理牙齒與牙齦，避免形成牙結石。

肛門

定期擠壓肛門腺液

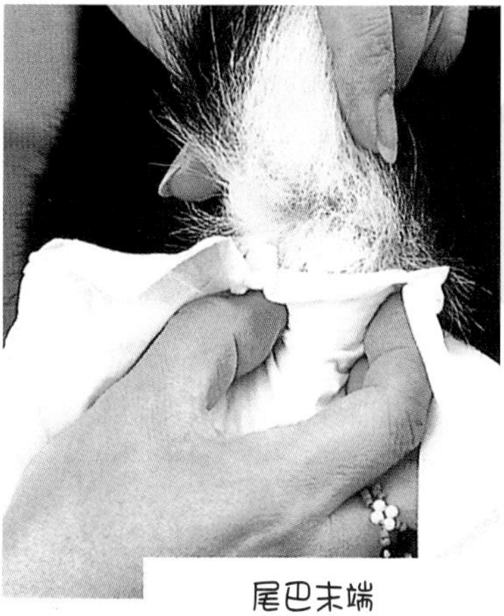

狗狗的肛門四周要常保清潔，肛門周遭的體毛要修剪乾淨，避免沾到便便。

狗狗肛門的左右斜下方，有一裝著濃臭肛門腺液的肛門囊；若不定期擠壓肛門腺液會引起發炎。除了洗澡以外，平常用面紙包著肛門囊再擠，才不會噴得到處都是。

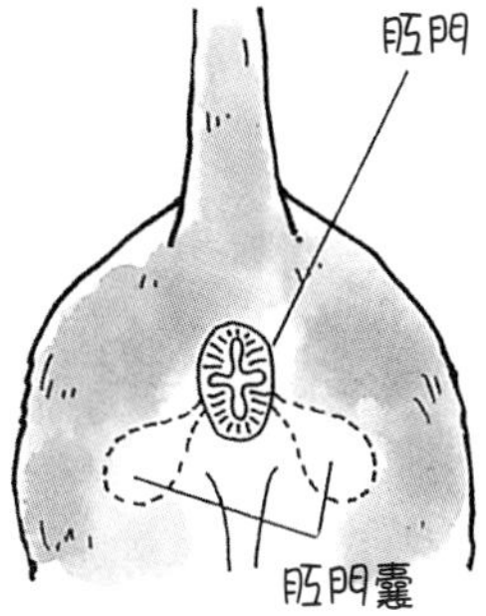

用拇指和食指對準肛門囊，壓出褐色的肛門腺液。

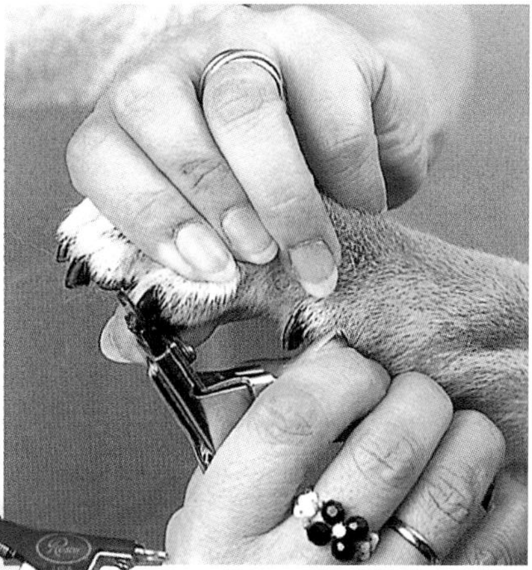

輕壓狗狗的腳掌肉墊讓爪子露出來，再用指甲剪垂直剪下。

爪子

裡面也有神經和血管，不要剪太多。

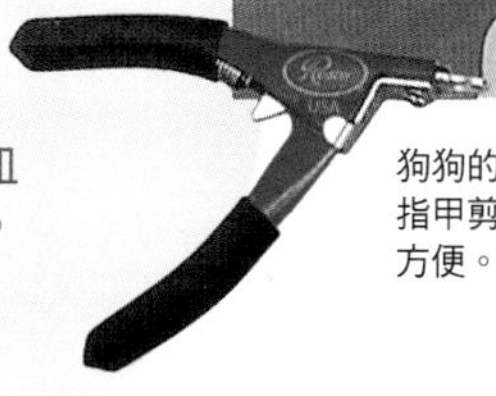

狗狗的爪子很硬，最好用專用的指甲剪；這種鍘刀式指甲剪非常方便。

狗狗爪子（指甲）太長會妨礙牠的行動；雖說走在柏油路面會讓狗狗的爪子自然磨平，但仍需要定期幫牠修剪。

注意的是，狗狗的爪子也有血管和神經分布，若剪得太深疼痛流血，需擦上止血劑。萬一是看不見血管的黑色爪子，先剪去末端看到白色的神經後，再用銼刀磨平。

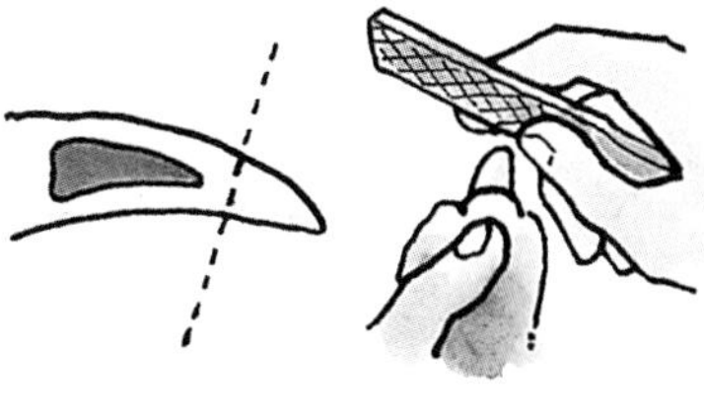

狗狗爪子裡面也有神經和血管，剪的時候不要剪太多。萬一不小心剪到流血，塗上止血劑止血。

第5章

和喜歡運動的柴犬儘情嬉戲

透過狗狗運動競賽和愛犬聯絡感情。

接球遊戲是我的最愛，玩再久也不會累喔！

參加障礙賽

所謂的障礙賽就是人跟狗狗一起參與的障礙競賽。即在比賽會場的路線上設置十多種障礙物，看狗狗是否可以依照人的指示，於指定的時間內通過所有的障礙物？這裡的障礙物主要有跳欄、長距離跳躍、鑽輪胎、硬式隧道、走過全長四公尺、高約一公尺的獨木橋、跳上桌面趴五秒鐘、迴轉障礙等。

障礙賽除了按照路線的難易度，從初級組分到頂級組以外；還依照犬隻的體型分成標準組和迷你組。身高未滿四十公分的小型犬，可參加迷你組，障礙物的高度也會降低；像標準體型的柴犬正適合這個組別。

障礙競賽一般都由各畜犬登錄團體或愛犬團體舉辦，每隻狗狗都可以參加；但狗狗需要長時間的練習，才能通過所有的障礙物。等狗狗徹底學會基本的服從訓練後，可利用障礙會場或訓練所的路線進行練習。如果在訓練所的話，還有專人指導呢！

參加飛盤比賽

飛盤比賽並不是大型犬才能參加的運動；即使是體型不大的柴犬，只要好好訓練牠天生的好腳程和絕佳的判斷力，牠也可以成為優秀的「飛盤高手」呢！飼主一定要試試看喔！

練習時首先要讓狗狗對飛盤產生興趣，激發牠的占有慾。一開始先在地上滾動飛盤，讓狗狗叼回來；接下來進入投擲飛盤再跳起來叼住的訓練。成功做完這兩個動作時，記得好好讚美牠，激起牠的學習慾望。先從短距離開始，逐漸加長距離與高度，讓牠繼續練習。

游泳也是我的拿手好戲，瞧我的水中英姿！

等狗狗學會接飛盤，再帶牠參加各相關團體主辦的飛盤比賽。雖說每個團體的比賽規則不見得相同，但主要都是以接住飛盤的次數、距離或姿態當作得分標準。

和狗狗玩球時的注意事項——

基本上和狗狗玩接球遊戲時，要把牽繩拿掉；所以，若牠還沒學會基礎的服從訓練，會造成許多困擾。接球地點以空曠人少的地方較適合，並使用質地軟硬適中彈性佳的網球。像高爾夫球之類的小硬球十分危險，不宜使用。丟球時不要對著狗狗，而是丟到離牠一段距離的地方讓牠撿回來。

接球遊戲

和狗狗玩接球是很多人都喜歡的遊戲。當然狗狗更是喜愛，還能提供牠相當大的運動量，不妨列入散步活動中。

一開始還是要繫著牽繩，將球丟出去要求狗狗撿回來，練習彼此的默契。

第一次看到雪興奮不已的柴犬

預約狗狗可以投宿的旅館

讓狗狗於大自然中儘情奔跑

最近可以接受狗狗投宿的寵物旅館或民宿越來越多了；如果你計畫家族旅行的話，不妨多多利用這些設施，帶著心愛的狗狗一起去旅行。

除了透過報章雜誌找到這類的寵物旅館或民宿外，上網搜尋相關網站也是個好辦法；並且要事先確認狗狗的體型有無設限、是不是有室內犬的限制等細節。

若要搭巴士或電車前往旅遊地點，可利用攜帶型狗籠，體積儘量不要過大，以免妨礙其他乘客。如果是長距離的旅行，還是自己開車比較方便。

儘管如此，有些狗狗碰上長途旅行還是會暈車。在狗狗尚未習慣長途旅行前，最好選一些車程一～兩小時就能抵達的地方。再者，好不容易可以帶狗狗去旅行，應該以牠為考量的重點，選一個可以讓牠一整天都解除牽繩的束縛，自由自在儘情奔跑的自然景點吧！

萬一要去國外或因其他因素無法帶狗狗同

投宿旅館時該有的規矩——

●不要把狗狗帶到浴室或床上
請教旅館的服務人員可帶狗狗去哪裡洗澡；睡鋪應鋪上一層床單。

●進入室內時先把狗狗的腳擦乾淨
從外面進來時，一定要用溼毛巾擦拭狗狗的腳和身體。

●要留狗狗在房間時需關進狗籠裡
飼主要去餐廳用餐時，必須把狗狗關進籠子裡。

●在公共場所不要拿掉牽繩
有些人很怕狗，在公共場所時，不要拿掉牽繩。

●不要在室內整理狗狗皮毛
要整理皮毛請到室外，並將脫落的狗毛清掃乾淨。

●排泄後要確實告知
狗狗排泄後請告知服務人員，幫忙清理乾淨。

●退房時稍微清理一下房間
準備退房時，先清除房間內的狗毛，再用除臭劑去除狗狗留下的味道。

●疫苗注射與防蚤措施
狗狗應完成各種疫苗注射，並事先預防蚤類寄生的措施。

行，要事先預約寵物旅館或動物醫院。爲減輕狗狗與家人分開的壓力，儘量找一個舒適的環境，並確認契約書上的內容，釐清萬一有意外發生時雙方的責任爲何。

習慣在室內排泄的狗狗，需要便器如廁的訓練，並注意牠四處灑尿做記號的行為。

遵守投宿地點的相關規定

預約旅館投宿時，要先告知有狗狗同行，確認旅館方面的規定；並請教服務人員要不要自己準備狗糧、便器或狗籠等。

抵達投宿旅館時，再度確認狗狗可以進入的地方、狗狗該注意的規矩或狗狗的排泄物該如何處理等旅館方面的規則。飼主和狗狗一定要確實遵守旅館的規定，才不會增加別人的困擾。

帶去旅館投宿的狗狗，情緒都會比較興奮，即使平日的訓練得宜，難免不會出現脫序的行爲，飼主應好好看緊愛犬，以免造成意想不到的麻煩。

帶狗狗旅行所需的用品

我家的小寶貝超讚！！

飼養柴犬的建議

File 1

誰都會為牠深深著迷的可愛柴犬！

東京都　高橋久美子

小榮擁有柴犬少見的圓溜眼睛，看起來相當年輕（雖然牠已經快要10歲了）。

因為夏季陽光很強，急忙躲進樹蔭下乘涼的小榮。

我家的
小榮
公狗•9歲
8個月大

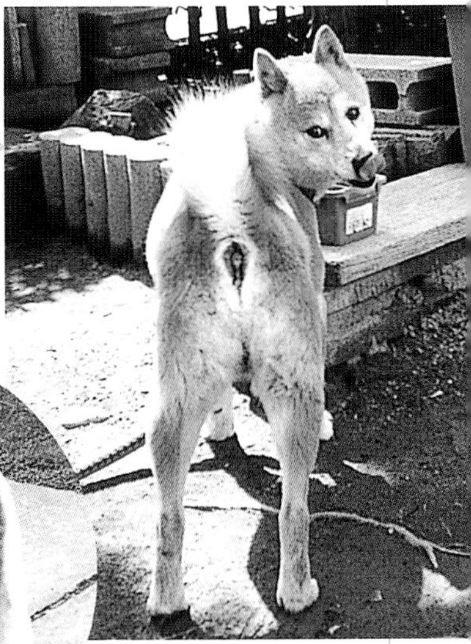

雖說有點車子的噪音，但綠地多院子寬敞的住家，還真適合柴犬居住。

「這是我的特殊造型，很美吧？！」

體型小、好照顧且十分忠心，是我選擇飼養柴犬（小榮）的理由。平常牠都用牽繩綁在院子裡，但為了增加牠的活動量，我會把牽繩放長一些。狗屋若放在水泥地，會有冬冷夏熱的缺點，所以我把狗屋放在泥土地上，門口還加裝擋雨設計。狗屋和周遭的環境要經常打掃維持整潔。訓練上比較辛苦，至今小榮才學會「坐下」這個指令。不過，只要牠學會了，倒是非常聽話，不管任何時候都絕對服從「坐下」的指令。還有就是牠有時會亂叫，比較讓人傷腦筋。刷毛的話，一週兩次即可；到了換毛期再增加刷毛的頻率。散步的話，傍晚帶出去二十分鐘，雨天則休息。有人說柴犬的脾氣急躁，但真的養了以後，卻為牠的可愛深深著迷。雖說我的訓練不太成功，但我相信只要繼續努力，小榮一定會成為我最忠實又可信賴的伴侶。

File 2

放假時帶牠玩球爬山的運動夥伴！

愛知縣　神藤由香

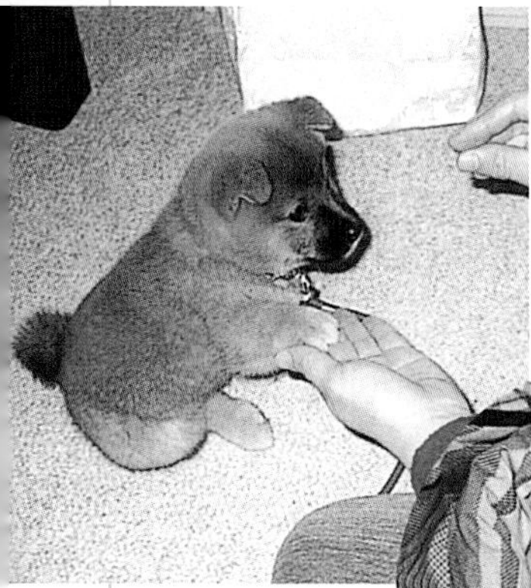

還是小柴犬的小康，很喜歡和人握手喔！

「我最喜歡躲到被窩裡，很舒服呦！」

第一次看到雪好興奮的小康：「咦……怎麼連鼻子都有雪啊？」

我家的
小康
公狗・2歲
6個月大

當初買這間公寓的時候，就打算養隻狗狗；因為一直喜歡聰慧忠實的日本犬，才會選擇體型適合養在室內的柴犬（小康）。

平常我和先生出去上班時，都由小康負責看家；家裡的危險物品也儘量收拾乾淨，避免牠誤吞誤食。平常都會帶牠出去運動，早上約二十分鐘，傍晚的話，有時間就一小時，否則至少也有三十分鐘的散步。休假日則帶牠去爬山或玩球，甚至開車去山野林間散心。小康不管是如廁或看家的訓練都學得很快，也不會亂叫，只是不太喜歡被人逗弄。牠很喜歡游泳，連冬天都會跳進游泳池或噴水池裡，讓我比較傷腦筋。我想能尊重柴犬與生俱來的特質，讓牠學習社會性的訓練，才是良好的飼養方法吧！

File 3

不要過度保護培養良好的社會性！

福岡縣　猿渡由美子

「我很愛乾淨，也經常洗澡，但還是好癢……」

心事重重的善太朗，不知道正在想甚麼？

今天的天氣真好，一起去公園走走吧！

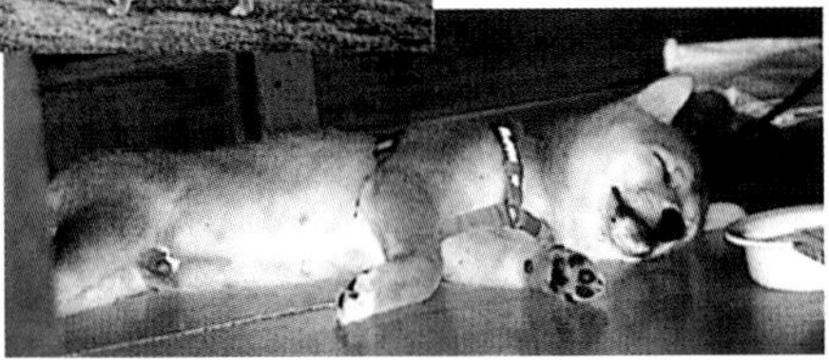

我家的
善太朗
公狗 • 3歲
2個月大

我從五年前就很想飼養電視上介紹的柴犬；與其說是飼養，倒不如說是和牠（善太朗）同居。除了散步（早上二十～三十分鐘、晚上三十～一小時，一天兩次）以外，牠都可以自由活動。善太朗每天都會在玄關等我下班，晚上睡在我的旁邊。為避免牠得到皮膚病，夏天會把冷氣開在二十五℃。如發現牠變胖了，就一起帶牠出去慢跑減肥。

我覺得飼養柴犬要根據每個人的生活型態，找出合適的飼養方法。聽說太少與其他犬隻接觸的狗狗，會變得比較神經質，所以，不要過度保護牠，應該適度讓牠出去和別的狗狗嬉戲同樂，培養牠的社會性。

File 4

讓人一旦飼養就難以忘懷的狗狗！

兵庫縣　岡直秀

「這是我以明石海峽大橋為背景的英姿，帥吧！」

兩個月大的龍太是個好奇寶寶，喜歡到處聞。

「難得和花兒一起合照，是不是狗比花嬌呢？！」

我家的

龍太

公狗•3歲
10個月大

趁著搬到獨門獨院的機會，很想養一隻狗狗看家；又聽到寵物店店員的推薦，決定飼養很好照顧的柴犬（龍太）。

龍太一直都養在室內，照顧上好像不必太花心思，只要每天定時帶出去散步（早上三十分鐘、晚上六十分鐘，共計九十分鐘），儘量和家人一起活動即可。平常我會特別留意牠的食欲和排便情形，一發現異樣馬上帶去找獸醫。龍太的身體不錯，沒生過甚麼大病，只是皮膚比較差，我有點擔心。洗澡的話，一個月洗一次，換毛期要經常刷毛梳理。

每次帶牠出去散步，總是聽到別人讚美牠：「真是漂亮！」、「看起來好聰明喔！」，連我這當主人的也覺得好開心！柴犬擁有濃濃的日本味，讓人一旦飼養就深深為牠著迷呢！

File 5

只要真心關愛牠，牠也會真情回報的狗狗！

埼玉縣　岡田四郎

小姬的特寫，連鬍鬚都照得一清二楚呢！。

即使趴在地上休息，小姬的眼神仍然專注有力！

「我正在等你呢！今天要玩甚麼啊？」

我家的
小琥
公狗‧1歲9個月大

我家的
小姬
母狗‧1歲2個月大

我很喜歡狗狗，家裡養了兩隻性格不同的柴犬（小琥和小姬），經常一起嬉戲玩耍。因為牠們都養在室外，冬天我會特別幫牠們準備毛巾或毛毯取暖，夏天則撐起太陽傘，加上定時灑水降暑氣。散步時間早晚一共四十五分鐘；假日如果有時間的話，則延長為一個半小時。吃飯的話，一天固定餵兩次，其他時候儘量不要餵食。再者，於換毛期需要每天刷毛梳理。

在我家狗狗不像寵物，比較像家裡的一份子，我把牠們當作自己的孩子般疼愛。我相信只要真心關愛牠們，狗狗也一定會給予真情的回報。

第6章

可愛的柴犬寶寶誕生了

第6章 想讓母狗生小狗的話……

充分了解母狗的生理構造。

身心成熟後才適合交配

如果你家的狗狗是母的話，身爲一個飼主對於愛犬的發情週期一定要有充分的理解。

柴犬從出生六個月大，最晚十個月大首次出現發情週期，此後每六個月爲一次發情週期。但懷孕、生產、育兒……對母體都是相當大的負擔，所以如果希望家裡的母狗生小狗的話，最好等牠第二次發情以後，從這時到五～六歲大，正是母狗生產的適齡期。

充分了解愛犬的發情週期，才能給牠最妥善的照顧。

發情期的三個階段

母狗只在一年兩次的發情期接受公狗的「求歡」，以下將母狗的發情期分爲三個階段加以說明：

◆發情前期（平均約八天）

這是母狗接受公狗交配前的準備階段。這時母狗的外陰部充血腫脹，子宮內膜有出血現象。在下一次的發情期到達以前，外陰部的腫脹或出血量都達到顛峰。

狗狗生產所需的費用

	內　容	費　用	備　註
交配	交配費用（1次）	2～6萬元左右	委託專業的繁殖業者
	與認識的狗狗交配（酬金）	3千元左右或送一隻幼犬	
懷孕	動物醫院檢查費（第1次）	5百元左右	
	動物醫院檢查費（第2次）	2千元左右	超音波檢查、食慾、體力、乳腺等變化
生產	去動物醫院生產	1萬元左右	產後的周全護理
生產之後	晶片登記費	1千3百元	出生90天後登記
	疫苗注射（第1次）	8百元左右	出生55～60天
	疫苗注射（第2次）	1千8百元	出生90天左右
	狂犬病疫苗注射	2百元	出生90天以上

收費標準依各家動物醫院而有不同。

如果你想讓母狗生小狗的話……

寵物間的繁殖育種，對後代的子孫具有深遠的影響。所以，不論公母狗都不帶有遺傳性疾病，脾氣好且缺點少的狗狗，當然是育種的最佳條件。

育種一般都由母狗的飼主尋找合適的公狗進行交配，如果公狗沒有相當的參展獲選經歷，恐怕不易獲得母狗的青睞。所以，母狗飼主應該充分了解愛犬的優缺點，審慎尋找一隻可以截長補短的優良公狗。其他像確認血統證明書（飼主的名義）或發行此證明書的畜犬團體，也是重要的環節。

◆發情期（平均約十天）

這是可以接受公狗交配開始排卵的時期；如無育種打算，請不要讓公狗接近母狗。母狗進入發情期後，三天後排出尚未成熟的卵子；再過兩天半左右，卵子迎向四十八小時的成熟期，這兩天也是交配成功率最高的時期。這時的母狗幾乎沒有甚麼出血量或顏色，變硬腫脹的外陰部也變軟變小了。

◆發情後期（平均約五天）

當外陰部的變化消失後，表示發情期結束了。但有些狗狗的發情期較長或者較不明顯，常讓飼主無法掌握，可請獸醫做進一步檢查確定排卵日期。

交配後的檢查

母狗的懷孕期間大約六十三天，但初期很難確認是否真的懷孕了。飼主可以在交配二十五～三十天，胚胎已經長成一～一・五公分後，請獸醫以觸診或超音波診斷確定。

等母狗懷孕四十三天以後，胎兒頭部的骨骼大致長成，可利用X光線檢查確定胎兒的數目，方便飼主掌握生產的狀況。

審慎留意母狗的健康狀態，才能生出可愛的幼犬。

第6章 不要增加母狗的身心負荷。

懷孕期的母狗更需要細心的呵護

要特別注意懷孕中的母狗飼養環境或飲食營養等問題

注意居住環境、飲食、運動與清潔

在大約六十三天的懷孕期間，不管是母狗或肚子裡的胎兒，都需要飼主細心的呵護與照顧。所以，要特別注意周遭的居住環境、飲食、運動與清潔等細節。

◆懷孕母狗的居住環境

狗狗如果養在室外，很多人都會把狗屋放在家人出入頻繁的玄關，讓狗狗幫忙看家。但對已經懷孕的母狗來說，如此人來人往的吵雜環境並不恰當，應該把狗屋移到安靜的地點。

如果是室內犬，要小心家裡的樓梯；最好在樓梯口加裝安全柵欄，避免狗狗滾落發生意外。

◆懷孕母狗的飲食

懷孕初期因爲胎兒還小，母狗的飲食跟平常一樣即可。若是爲了母狗或胎兒的營養考量，過度增加食量，使母狗體重暴增的話，母狗可能因爲肥胖影響正常體質，或者減弱分娩時的陣痛感，進而引發難產。

等交配三十五天以後，胎兒開始急速長大。母狗需要一些可以提供高熱量，富含良性蛋白質的飲食，或者是換成懷孕母狗專用的狗糧。如果飼主自己調製飲食的話，記得加一些瘦肉、蛋、豆腐、黃綠色蔬菜或鈣片，並採少量多餐的餵食原則。

美麗的皮毛於陽光下閃閃發亮的柴犬母子

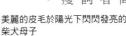

◆懷孕母狗的運動

母狗交配以後，受精的卵子約需二十天左右才會穩定，這段期間母狗最容易流產，像騎腳踏車等長時間的牽繩運動就要避免，但散步之類的和緩運動還是可以做，別因噎廢食導致牠運動不足。狗狗的胎盤如同一條帶子（帶狀胎盤），纏住被羊膜包裹的胚胎，以防止胎兒流產。所以，受精的卵子著床後，母狗需要適度的運動，維持適當的體力以防難產。

◆懷孕母狗的清潔

柴犬原本就是不需要經常洗澡的犬種，可在交配之前好好地洗個澡，之後每天梳理皮毛，再用熱毛巾擦拭全身即可。

母狗生產的前置作業

約在預產期前10天左右，飼主可以開始準備產箱（用紙箱或木板），放在家人較少出入的安靜地點，讓母狗適應這個地方。產箱應有適當的高度，防止幼犬跑出去，且空間夠大足以讓母狗和所有的幼犬躺下來。地板可加層塑膠墊，再鋪上報紙和地毯；並在產箱的內側架上木棒，以避免母狗壓到幼犬的意外。

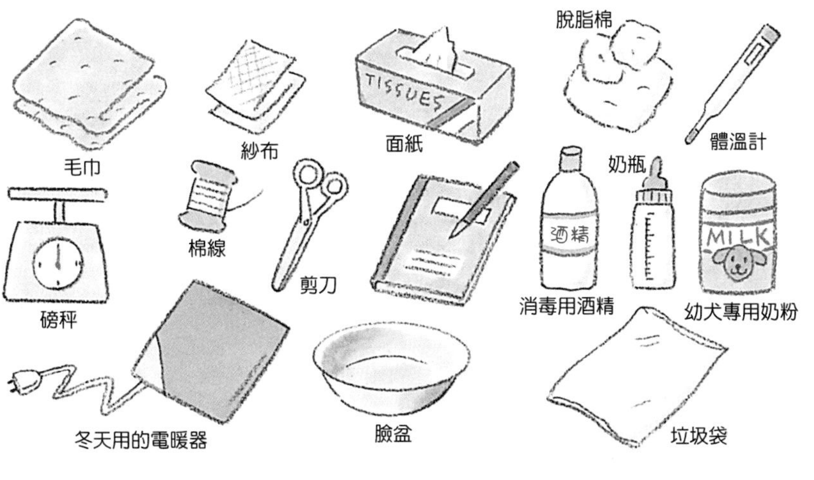

第6章

從陣痛到幼犬的誕生

飼主靜待一旁守候，為感到不安的愛犬加油。

體溫降到37℃為即將生產的徵兆

從預產期的前一週開始，每天幫母狗量三次體溫。狗狗平均體溫約為38℃左右，越接近預產期，體溫可降到37℃。從這時的二十四小時以內，母狗開始出現陣痛感。

越接近生產時刻，母狗的呼吸越急促，呈現焦慮不安感，這時外陰部開始流出黏液，母狗頻頻舔舐。

等陣痛達到最高潮，外陰部會出現袋狀物（即包裹胚胎的羊膜），進入生產期。

破水與第一胎的誕生

母狗的腹部挺直用力，羊水破裂後生下第一隻幼犬。被薄羊膜包著的幼犬出生後，母狗會咬破羊膜，不停地舔舐幼犬，試圖舔乾幼犬的身體。甚至於咬斷臍帶，釋出胎盤。有些母狗還會吃掉胎盤，但並不會產生不良影響。

而被母狗舔舐，體溫開始上升的幼犬會發出聲音，然後吸吮母奶。

記得檢查胎盤的數量

受到第一胎吸吮母奶的刺激，母狗的陣痛感加快，平均二十分鐘～一小時生下第二胎。母柴犬平均一次可生下三～四隻幼犬，需留意第三胎、第四胎的生產情形。

飼主也要注意幼犬的數目與釋出的胎盤數量是否一致，因為胎盤滯留

需要向獸醫求助的時機

①溼潤的外陰部混合著綠色的白帶時——這表示胎盤已自子宮脫落，胎兒無法繼續獲得氧氣或養分，有死胎的可能。

②母狗的體溫降至37℃以下已經超過24小時，卻完全沒有生產的跡象。

③強烈的陣痛已經超過1個小時，卻還生不出來。

④母狗的陣痛減弱，無法順利生產。

⑤生了1～2隻幼犬以後，母狗的陣痛卻停止了。

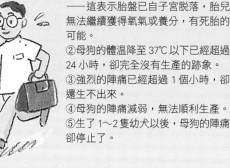

於子宮中容易造成感染，需帶去動物醫院去除胎盤。

生產過程出現異常時

以上就是狗狗的正常生產過程。柴犬的話大多可以平安生產，萬一過程有異需要獸醫幫忙時，請依正確的判斷，馬上與獸醫聯繫，聽從獸醫的指示。

若是母狗不願意照顧新生的幼犬，只好由飼主幫忙了。所以，事先一定要了解照顧幼犬的要領，到時才不會手忙腳亂呢！

剛出生的幼犬眼睛還沒睜開，耳朵也聽不見，幾乎整天都在睡覺。

母狗對幼犬漠不關心時……

1 搓破羊膜，倒吊著取出嬰犬，摩擦其背部，讓牠吐出羊水。

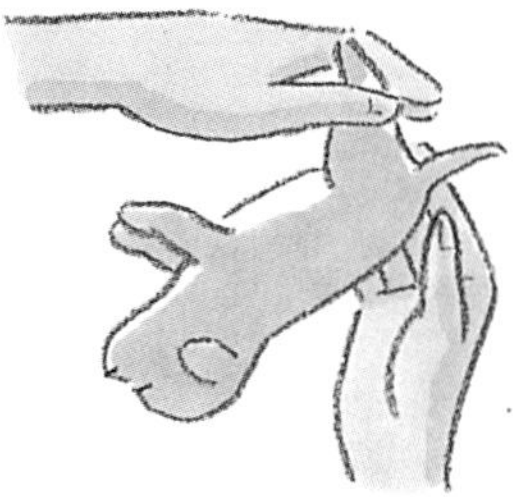

2 用乾淨紗布擦拭嬰犬的鼻孔和口腔，幫助牠順利呼吸。

3 距臍帶根部1㎝處綁上棉線，再以剪刀剪斷臍帶。

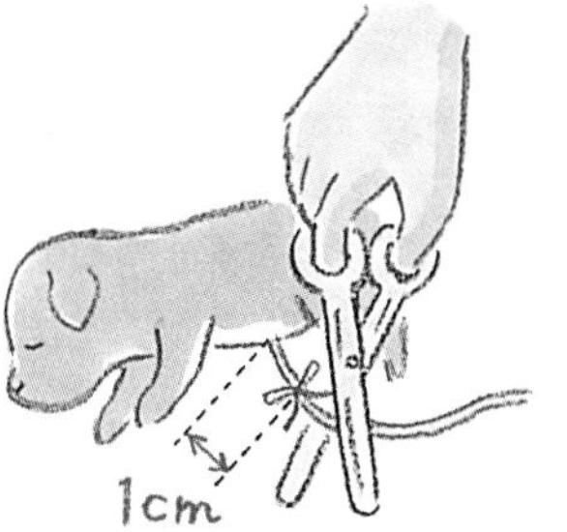

擠成一團睡覺的幼犬，看起來可愛極了。

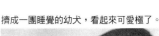

幼犬委由母狗照顧飼主一旁守護

即使是第一次當媽媽，母狗大都能好好扮演自己的角色。

生產後不要隨便打擾牠們

幾乎所有的母狗都有讓幼犬吸奶，舔舐尚無法自行排泄的幼犬肛門、泌尿器官，以促進其排泄的照顧本能。

而正值餵奶期的母狗爲了保護幼犬，會變得比較神經質，除非必要不要去打擾牠們。飼主只要一旁守護，讓母狗好好發揮天生的母性本能即可。

不過，有些細節還是需要飼主的幫忙；例如，要仔細觀察確定每一隻幼犬都吸到足夠的奶水。

每隻幼犬都要喝到初乳

母狗於生產後二十四小時內分泌的母奶稱爲初乳，含有許多免疫抗體，讓幼犬免於疾病的威脅，功效可持續兩個月左右；所以，一定要讓每隻幼犬都能喝到初乳。

幼犬的人工哺乳

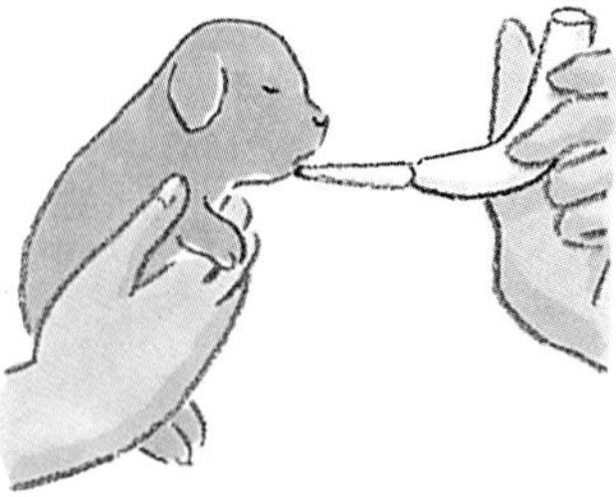

用哺乳器餵奶

若母狗不肯給幼犬喝奶或奶水不夠時，每隔 2～3 小時可餵幼犬喝一次專用的奶粉。

哺乳完後刺激幼犬排泄

幼犬喝完奶，先擦拭牠的嘴巴四周，再以脱脂棉沾溫水，輕輕刺激牠的肛門或泌尿器官，促進排便排尿。

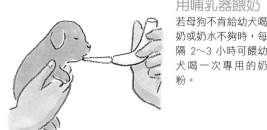

幼犬如果正常發育的話，出生後七～十天，體重約爲出生時的兩倍。飼主可依此爲標準，針對發育不良的幼犬補充專用的奶水。有些嬰犬比較瘦弱，常被同伴擠壓無法吸到足夠的奶水，或是體重增加遲緩的嬰犬，都可以讓牠們吸吮奶水多的乳頭。

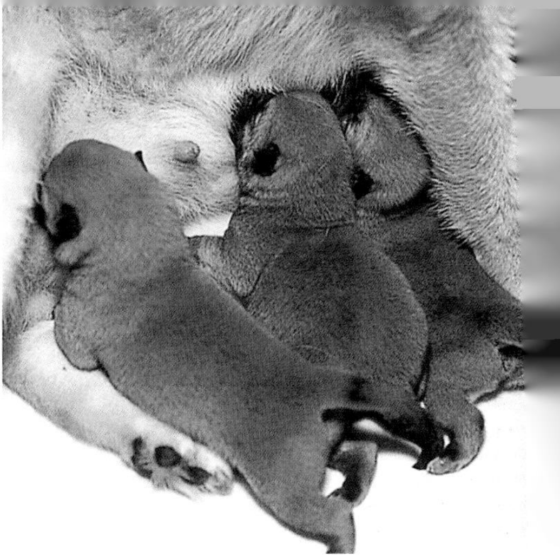
飼主要仔細觀察，確定每隻幼犬都喝到足夠的奶水。

出生後四週到八週大

出生四週大的幼犬各種感官發達，透過與其他兄弟犬或母狗媽媽的互動或嬉戲，學習各種新事物。就幼犬來說，這是學習社會性的重要時期，最好不要錯過這個黃金期。

再者，幼犬經由人類的溫柔接觸，可培養牠的順從感與適應能力；所以從這時開始，可讓幼犬習慣與人接觸。

母狗產後的照顧

生產後的母狗需要充足的熱量，才能讓每隻幼犬喝到足夠的奶水，所以，飼主需供應如同懷孕期間的高營養食品。等幼犬開始嘗試離乳食品的 30 天大左右，再慢慢恢復為原來的飲食。

再者，要注意母狗的乳腺炎。母狗若罹患乳腺炎，乳房會紅腫、發燒，更因疼痛感而拒絕餵食幼犬。這時可讓母狗服藥治療，如影響母奶的分泌量，可改為人工哺乳。像定期修剪幼犬的爪子，隨時保持母狗乳房的清潔，都是預防細菌性乳腺炎的有效方法。

這時光喝母奶不夠，需加入適當的離乳食品，也可以準備加水泡軟的幼犬專用狗糧。這時的幼犬應該可以自己排泄，並依照排便情形斟酌離乳食品的份量。

幼犬的驅蟲作業可於四週大、八週大和十二週大進行；疫苗的話，約等初乳抗體消失的六～八週大開始注射。在幼犬送到新主人的八週大以前，飼主應該好好照顧牠的身體健康。

在幼犬 4 週大以前，儘量讓母狗親自照顧，飼主一旁守護即可。

column5

有關狗狗的絕育手術

狗狗的生育為何不能順其自然呢？

看起來還像個小不點的幼犬，到了六～十個月大進入性徵成熟期，身體一下子邁入成犬的行列。在這之後母狗每六個月就有一次帶有生理出血的發情期，而公狗只要聞到發情中母狗的味道，就會勾起牠的交配慾望，而絕育手術就是要終止這種自然發情的現象。

爲何飼主需要做這方面的考量呢？理由有以下幾點：

◆不希望母狗生下不在期待中的幼犬

不在飼主期待下出生的幼犬，恐怕很難找到合適的新主人，對飼主也是一大困擾。爲了減少幼犬被棄養的機率，狗狗的生育還是要按照計畫進行。

◆減輕發情期狗狗的壓力

很多母狗在發情期都變得神經質，甚至出現假性懷孕的現象。而受到母狗氣味吸引的公狗，也陷入追求母狗的不穩情緒中，突然亂叫亂吠、四處做記號（請參考五十四頁），甚至演出「爲愛脫逃記」。如此的發情狀態對飼主而言是一種困擾，對狗狗也絕非幸福。對於與生俱來繁衍子孫的本能受到飼主的「打壓」，狗狗當然不會開心，反成爲莫大的壓力呢！

從行動與健康層面考慮絕育的優缺點

透過絕育手術可以紓解狗狗的發情壓力，讓牠的情緒比較安穩，減少出現各種問題行爲。

就醫學上來看，動過絕育手術後，公狗罹患精巢腫瘤、前列腺炎，或母狗罹患乳腺腫瘤、子宮蓄膿症的機率都會降低。

不過，手術後的狗狗容易發福，飼主要特別注意維持食量與運動量之間的平衡。

絕育手術的優點是，可消除狗狗身心的壓力，讓牠的情緒更穩定。

第7章

希望狗狗永遠健健康康

第7章 選擇口碑佳有愛心的獸醫

當狗狗健康時，就要幫牠找個合適的動物醫生。

當狗狗健健康康時，就要幫牠找個合適的動物醫生。

從幼犬期就要找合適的動物醫生

當愛犬生病或發生意外事故，才急著找動物醫院可能有點緩不濟急。當你開始飼養，狗狗還健健康康時，盡可能早點找到合適的動物醫生。

尋找合適的動物醫生的方法有很多，最快的方法是向附近養狗的人打聽，或者向衛生所或獸醫公會打聽，找個口碑好又有愛心的獸醫。

找到後先帶愛犬讓對方作健康檢查，親自確定這個獸醫是否值得信賴，動物醫院是否注意清潔與衛生。

一旦決定後就不要經常更換動物醫院。獸醫透過長期的接觸，才能充分掌握狗狗的體質、個性或病史，一有緊急狀況，就可以及早應變，避免誤診。

飼主若能充分信任獸醫，這種信賴感會傳達給狗狗；如果狗狗也覺得很安心，就會與獸醫建立密切的信賴感，願意把自己的身體交由獸醫照顧。

別忘了帶愛犬一年做一次健康檢查

當幼犬變為成犬後，可以趁疫苗追加注射時，一年做一次健康檢查。因幼犬期感染的犬心絲蟲症，到成犬期才會出現，所以每年都要做一次血液檢測。等狗狗七歲大，再每年做一次精密的檢查；十三歲大以後一年增為兩次。為了愛犬的健康，這些都是飼主應盡的義務喔！

選擇優良動物醫院的5大重點

1 以附近的診所取代遠處的動物醫院

動物醫院若離家裡太遠，有時無法即時處理狗狗的突發狀況，對不舒服的狗狗更是一大負擔。

2 選擇信譽良好的獸醫

從附近的飼主情報，選出風評良好的獸醫。

3 注意診察室的衛生

親自確認醫院的診察室是否乾淨，有無異味或髒亂不堪的現象。

4 獸醫能否詳細說明症狀

能向飼主詳細解說愛犬症狀或治療方法的獸醫才有保障；若語焉不詳，飼主可要好好考慮了。

5 醫療收費明細一清二楚

若檢查內容與費用支出一清二楚的話，飼主就不必擔心花了冤枉錢。

如何選擇優良的動物醫院

有些飼主不管路程多遠，還是會選擇大學醫院，或風評良好的動物醫院。但有些突來的緊急狀況，無法讓人把狗狗送到太遠的動物醫院，或者是飼主因為路程遙遠，對狗狗的小病灶視而不見，反而演變成大麻煩。所以，就近找到愛犬的家庭獸醫還是比較實際的做法。

不管是帶狗狗健康檢查或治療疾病，初次抵達傳聞中的動物醫院時，先觀察診察室是否乾淨衛生。

不論是生病或意外事故，能詳實為飼主解說狗狗的症狀和治療方法的獸醫，才是值得信賴的醫生。

飼主對狗狗的身體或疾病，要有一定程度的了解，碰上突發事件才不會慌張。若能向獸醫詳細說明狗狗抵達醫院之前的所有症狀，對獸醫的診治也很有幫助呢！

至於狗狗的治療費用，每家動物醫院的收費標準可能不太一樣；如果很介意，不妨先跟附近的飼主打聽清楚；再者，事先打電話詢問收費情形，也是個好辦法喔！

為了愛犬的健康，確實做好健康管理是飼主的義務。

一發現異於往常的話……

充分掌握狗狗健康時的狀況。

不要忽略疾病的徵兆——

嘔吐

狗狗即使很健康，也可能因為吃太多或誤食異物而嘔吐；只要吐完食慾還是一樣的話，就不必擔心。但若一天連吐數次，可能是消化系統、肝臟或腎臟方面的疾病。

咳個不停

除了犬瘟熱或犬副流行性感冒外，狗狗若從早到晚咳個不停，可能是犬心絲蟲症或心臟病，千萬不要大意。

多喝多尿

狗狗喝很多水又排很多尿，可能是膀胱炎、腎臟病、糖尿病或子宮蓄膿症等徵兆。若是夏天出現這個現象，很容易被人誤以為是太熱了，要特別小心。

狗狗不舒服時仔細檢查身體各部位

狗狗原本就是非常活潑好動的動物。平常就算牠正在休息，一有甚麼風吹草動，還是會馬上行動有所反應。但如果你叫牠，牠卻沒跑過來，甚至連搖尾巴的力氣也沒有，散步或嬉戲也提不起精神，沒有食慾的話，表示牠的身體出了問題。這時先要幫牠測量體溫，再檢查身體各部位。

再者，狗狗的眼睛常出現乳白色的眼屎，如果眼屎顏色偏黃，或具有黏性就要注意了。若是鼻水流個不停，甚至混入黃鼻涕或血絲，都是疾病的徵兆。

狗狗的鼻頭除了睡覺或剛起床時會乾乾的，其他時間應該都溼潤有光

健康診斷的重點——

肛門
注意狗狗的屁股會不會頻頻摩擦地面或地板？會不會一直舔自己的肛門。

耳朵
會不會頻頻用後腳抓耳朵？或把很癢的耳朵摩擦地面或地板？耳朵裡面有無污垢或惡臭？

眼睛
眼睛周圍有無很多偏黃或黏黏的眼屎？乳白色的眼屎可能是灰塵跑進眼睛所引起，不必太擔心。

皮膚
皮毛有無異常脫落？有無惡臭或皮屑過多？會不會很癢或頻頻舔舐？

鼻子
鼻頭要潮溼，不能是乾的或鼻水太多。不過，幼犬的鼻子甚至是成犬，睡覺或剛起床時，鼻頭都是乾乾的。

四肢
走路時會不會拖著腳或跛行？

嘴巴
注意口腔有沒有異味？口中黏膜是否為漂亮的粉紅色？

澤。如果鼻子過乾，有可能是發燒了，若加上味道重的口臭更要小心。

健康的成犬尿液爲透明的淡黃色，幼犬爲無色尿。如果尿尿過濃、白濁就要注意；便便如摻雜血絲，或出現水樣性下痢、焦黑便都是危險的徵兆。

不要疏忽異常性的動作

狗狗如頻頻用後腳抓耳朵可能是外耳炎，一直搔抓身體大量掉毛疑爲溼疹或疥癬蟲寄生；若拖著腳或跛行可能是關節部位異常，而屁股頻頻摩擦地面，更有可能是腸內寄生蟲或肛門周圍發炎所引起。

除此之外，狗狗咳個不停、一天連吐數次，甚是吐出血絲或下痢，要馬上帶去動物醫院就診。

第7章

狗狗專用的急救箱

請教獸醫幫狗狗準備最基本的急救物品。

先找獸醫商量 再幫狗狗準備

除了日常的健康管理外，碰上突發的小傷口也要能即時處理——所以，幫狗狗準備一個專用的急救箱也是飼主很有愛心的表現喔！

急救箱裡有些物品可以使用人類常用的東西，不過，像體溫計或指甲剪還是以狗狗專用的比較方便。

消毒藥水的話，人類常用的優碘即可，但可以先請教獸醫，選用刺激性小的藥品，狗狗比較容易接受。

像眼藥水最好由獸醫配合狗狗的體質釋出處方箋，再選購合適的藥品比較安心。

其他的急救物品可參考獸醫的建議，準備最基本的藥物。

狗狗專用的急救箱

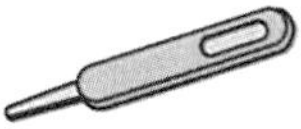

犬用體溫計
這是狗狗專用的體溫計。

棉花棒
除了清潔耳垢或眼屎，還有其他用途。

脫脂棉

紗布
包紮傷口或纏於手指幫狗狗刷牙。

夾子

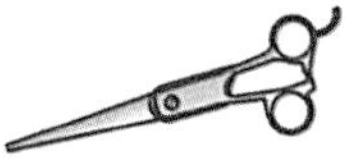

剪刀
末端為圓形不傷皮膚的安全剪刀。

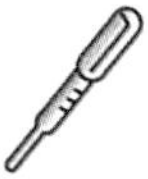

滴管
用於餵藥時。

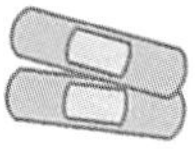

OK 繃
從 1 公分到 3 公分不等，方便使用。

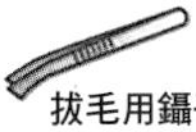

拔毛用鑷子

指甲剪
這種狗狗專用的指甲剪比較好用。

消毒用酒精
用來消毒傷口、體溫計或夾子等器具。

弱刺激性的優碘
因為刺激性小，狗狗容易接受。除了消毒傷口，也用於皮膚病等其他用途。

硼酸軟膏
用棉花棒沾取清除耳垢，或利用狗狗專用的潔耳劑。

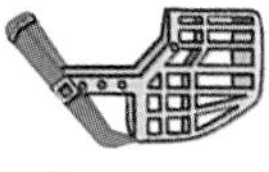

口套
急救時可避免被受傷的狗狗誤咬。

眼藥水
應該按照狗狗的體質，請獸醫開出處方箋。

繃帶

壓愛犬後腳測量脈搏數

用手指輕壓愛犬後腳的股動脈，測量 1 分鐘。

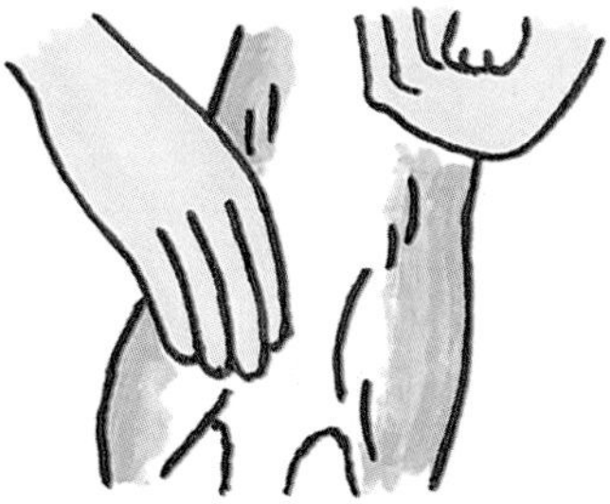

從肛門測量體溫

將沾過橄欖油的體溫計，插入愛犬肛門約 3 ㎝處測量 3 分鐘。

測量呼吸次數

在愛犬安靜時，把手放在牠的心臟測量 1 分鐘。

抱著測量體重

由人抱著量體重或利用幼兒磅秤。

餵狗狗吃藥的方法

如果是藥丸的話，可以混入食物或乳酪中，讓狗狗一口氣吞下去；或者如左圖所示，藥粉作成膠囊，藥水用滴管餵服。

1
一手抓著狗狗的上顎，以拇指和食指嵌住狗狗兩側犬齒的後面，打開牠的嘴巴。

2
把藥丸放在舌頭後面，闔上牠的嘴巴。

3
搓揉狗狗喉嚨讓牠吞下藥丸。

第7章

強健的柴犬需要特別留意的疾病

狗狗的照顧預防重於治療。

狗狗容易罹患的疾病

	膝關節異位	過敏性皮膚炎
症狀	先天容納膝蓋骨的溝槽較淺，或支撐後腳膝蓋骨的韌帶鬆弛時，一受到強大壓迫就會滑出，造成脫臼。可以直接固定脫臼部位，減少狗狗走路時的不適感。	很多化學物質或食物都會讓狗狗出現過敏反應。此外，遭蚤類叮咬也是常見的原因；這時狗狗從腰背到全身都起疹子，又癢又抓導致體毛大量掉落。
預防方法	有些是後天引起的膝關節異位，要小心別讓狗狗摔倒或跌落。狗狗過胖會加重膝蓋骨的負擔，要留意牠的體重。	注意居家環境的清潔，常用除蚤梳幫狗狗清理皮毛。飼主即使看不到跳蚤，若發現毛根出現黑色顆粒的蚤糞，就可證明狗狗身上有跳蚤。

狗狗各種可怕的傳染病

狂犬病
若遭病犬咬傷，唾液中的病毒由傷口侵入體內攻擊中樞神經，造成全身麻痺。患者或病犬走路搖晃、口水流不止、咬牙切齒，致死率高達100％，所有的哺乳類都會感染。

犬鉤端螺旋體症
病犬或鼠、人的尿液中的螺旋體屬污染之物，接觸到口腔或傷口而引起的感染。出現持續性的下痢或嘔吐，還會腎功能失調引起尿毒症導致死亡。

狗狗增加的文明病

和人類一樣，狗狗的文明病有逐日增加的趨勢。除了癌症、心臟病、糖尿病、過敏性皮膚炎等，甚至還出現因癡呆症讓飼主困擾不已的狗狗。像外在環境的改善、醫療技術的進步、飲食營養的均衡，都是促使狗狗比以往長壽的重要因素，但一不注意就過度肥胖的身材，卻也讓狗狗引發心臟病、糖尿病等文明病。其他像慢性腎功能不全、牙周病、白內障、甲狀腺機能亢進等，也是值得注意的疾病。

體內寄生蟲
非由蚤、蝨等體外寄生蟲，而是由體內寄生蟲引起的疾病，如犬蛔蟲症、犬鉤蟲症、犬鞭蟲症、犬蛲蟲症或犬球蟲症等。病犬吃得再多也吸收不到營養，導致體力衰弱。
定期檢測狗狗的糞便，保持居家環境與狗狗身體的清潔。散步時避免讓牠接近其他犬隻，狗狗如食慾減退或吃很多也不長肉時，就要特別注意了。

犬病毒性腸炎	犬傳染性肝炎	犬瘟熱
一經接觸病犬的尿、便、唾液或嘔吐物，parvovirus 病原體就會經口傳染。腸炎型會出現劇烈嘔吐、下痢或脱水症狀，心肌炎型會導致呼吸困難；兩者的致死率都很高。	舔舐遭感染病犬的便、尿、鼻水或唾液，病原體腺病毒第Ｉ型會傳給其他犬隻。症狀為發燒、食慾不振、下痢、嘔吐、腹痛等，嚴重時會導致幼犬死亡。	一經接觸病犬尿、便、鼻水、唾液等分泌物，裡面的病毒就會傳給其他犬隻。有持續性的發燒、呼吸困難或脱水等症狀；嚴重時會出現痙攣等神經症狀，還會導致死亡。
犬心絲蟲症	**犬傳染性支氣管炎**	**犬副流行性感冒**
在蚊子體內成長的心絲仔蟲，趁蚊子叮狗狗時移到體內變成成蟲，再寄生於心臟或肺動脈。病犬血液循環不佳，會侵襲所有臟器，做完血液檢查可服藥預防。	一經接觸病犬的唾液、便、尿，會經口傳染病原體腺病毒第Ⅱ型，引發肺炎、扁桃腺炎等呼吸障礙。成犬的致死率較低，但幼犬頗高。	病犬咳嗽或打噴嚏噴出的病毒，傳給其他狗狗。幼犬常因食慾不振導致死亡，又稱為腺病毒第Ⅱ型感染症或傳染性支氣管炎。

column6

狗狗走丟了怎麼辦？

可愛的狗寶貝到哪裡去了？

如果愛犬走丟了，先不要慌，好好想想接下來要怎麼處理。

狗狗走丟了怎麼辦？

聽覺敏銳度爲人類四倍的狗狗，容易因「突來的雷聲、煙火或交通工具的隆隆聲等巨大聲響受到驚嚇」；或者是「想追逐眼前掠過的小動物」、「因運動量不足需求不滿」、「受到母狗發情氣味吸引」而脫逃走失。萬一狗狗眞的不小心丟了，飼主可嘗試以下的方法，盡速尋回愛犬。

●去附近的動物醫院詢問

有些人會把撿到的狗狗送到動物醫院，請醫院方面暫時收容照顧。如果可以馬上聯絡到飼主最好，萬一不行只好等飼主主動前來醫院尋找了。

●去各地的流浪動物收容所詢問

如果狗狗身上有植入晶片或掛有犬牌，收容所的人員可根據上面的資料聯絡飼主領回。萬一沒有飼主的聯絡資料，狗狗約過七天就會被安樂死。所以一發現狗不見了，趕緊去有關單位詢問，而且要多問幾次，多找幾個地方。

●公立流浪動物收容中心

■台北市內湖動物之家（02）87913254~5
■台北縣板橋市公立流浪動物收容所（02）29510158
■桃園縣家畜疾病防治所（03）3324544
■新竹市政府棄犬中途收容中心（03）5368329
■苗栗縣家畜疾病防治所（037）320049
■台中市可愛動物園（04）24712597
■台中縣家畜疾病防治所（04）25263644
■南投縣家畜疾病防治所（049）2225440
■彰化縣家畜疾病防治所（04）7620774
■雲林縣家畜疾病防治所（05）5322905
■台南市動物防疫收容所（06）2130958
■台南縣家畜疾病防治所（06）6323039
■壽山動物關愛園區（07）5519059
■屏東縣家畜疾病防治所（08）7224109
■宜蘭縣公立流浪動物中途之家（03）96000717
■花蓮縣公立流浪犬中途之家（038）421452
■台東縣家畜疾病防治所（089）233720~3
■澎湖縣公立流浪犬收容中心（06）9213559
■金門縣公立棄犬收容中心（0823）336625~6

●上網貼告示詢問

可以利用有關網站，上網貼告示請網友協尋愛犬，或注意有無迷路的狗狗待領的消息。

●常見的流浪動物認養網站

寶島動物園—台中市世界聯合保護動物協會
http://www.lovedog.org.tw/
桃園阿貓阿狗愛心小站
http://www.taconet.com.tw/tyacad/
台灣認養地圖 http://www.meetpets.net/
台灣動物救難隊 http://www.tureness.idv.tw/
ROSE的流浪動物花園
http://www.doghome.idv.tw/
高雄縣流浪動物保育協會
http://www.savedogs.org/
我想去你家
http://www.dogbaby.idv.tw/ink.htm

第8章

你所不知道的柴犬

第8章 柴犬的起源

昭和十一年被指定為天然紀念物。

柴犬的祖先來自繩文時代的狗狗

我們如探索柴犬的起源，可追溯到日本的繩文時代。從繩文遺跡所挖掘到正如柴犬大小的小型犬骨骸一事，可證實這種狗狗正是以柴犬爲首的日本犬祖先。

彌生時代的銅鐸上面描繪很多被視爲狩獵犬，幫助主人追蹤獵物之古代日本犬的英姿；從這時的狗狗就可以看到立耳和渦捲尾（或鐮刀尾）的特色。再者，進一步從古墳時代墓葬的土陶俑犬，更可清楚發現這些特徵，甚至於我們還可看到這些狗狗的脖子掛上鈴噹類的東西，很明顯被當作獵犬或看家犬，應該是古代的日本人生活中的重要夥伴呢！

跨越雜交的潮流

長期以鎖國政策爲主的日本，一直護守著自古延續下來的日本犬的純正血統。但是明治時代以後，鎖國政策瓦解，許多洋犬隨著西方國家的文物進入日本。

當時的狗狗大都是放牧飼養，隨著日本犬與洋犬雜交的結果，到了大正末期，幾乎看不到立耳、渦捲尾的純正日本犬了。

有感於這種危機，深愛日本犬的愛犬人士遂於昭和三年成立「日本犬保存會」；當時他們致力於保護與保存倖存於人煙稀少之山野林間的六種日本犬的純血統。

而日本的文部省也將日本犬當作珍貴的文化財加以保護與獎勵，並於昭和十一年將柴犬指定爲天然紀念物。

但是到了二次大戰時代，日本犬再度面臨危機；養狗被視爲奢侈的事，人們的注意力轉移到防寒用的毛

柴犬不僅是特別的狗狗，也被日本政府指定為天然紀念物。

皮生產，日本犬的數目遂大幅減少。

戰後柴犬的人氣再現

在這種背景下，日本犬愛好團體本著「不讓日本犬絕跡」的信念相繼成立，致力於日本犬的保存與普及。

到了第二次大戰以後，一般家庭再度掀起養狗的熱潮，其中柴犬這種體型小容易飼養的日本犬，人氣指數不斷上升。

到了現在，每年向主要畜犬團體登錄的柴犬合計超過四萬隻，對柴犬充滿熱愛的飼主人數更是驚人。

即使在日本之外的其他國家，柴犬也享有極高的知名度，其素雅的風貌與純情的個性，更是吸引廣大人氣的主因。

柴犬可分為兩大流派

如果仔細觀察刊登在寵物雜誌等刊物上的柴犬，會發現雖說都是柴犬，其實臉蛋長得並不太一樣呢！就像其他動物可以分為「狸系」和「狐系」一樣，柴犬從其風貌可分成兩大系統，最大的差異在於臉孔。

●從側面來看，從額頭到鼻尖的線條，有些額段很明顯，有的卻幾乎看不見。

●從正面來看，有的臉頰比較鼓起，有的卻比較細長。

再者從體型方面，也可以看出有的脖子粗壯體型穩健；但有的整體顯得修長些，充滿緊緻感。

從繩文遺跡挖掘到的犬隻頭骨，可看到「幾乎看不到額段，犬牙較大」的特徵；而後面這個系統，亦即「體型修長、幾乎看不到額段的長臉柴犬」，正是繩文時代人們理想中的狗狗呢！

現在為了保存與保護這種充滿野性風味、呈現宛如古代犬英姿的柴犬，日本的柴犬保存協會與柴犬研究協會，正不斷地進行研究與繁殖。

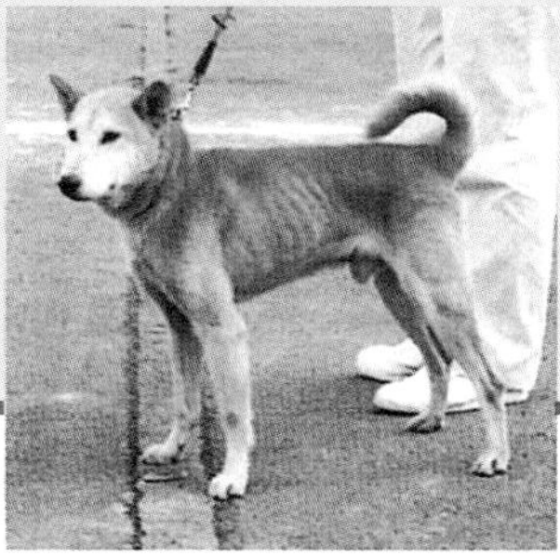

社團法人日本育犬協會

具有五十年歷史為日本最大的畜犬登錄團體

世界各地通用的血統證明書

以發行犬隻的血統證明書與登錄聞名的社團法人日本育犬協會，本著宣揚愛護動物的精神，於一九四九年成立。

日本育犬協會除了是具有五十年悠久歷史的愛犬團體，也是日本政府認可的唯一全犬種協會的法人團體。

育犬協會透過與各國畜犬團體的密切交流，發行了世界各地都通用的「國際認證血統證明書」。由日本各地設置的協會（會員達四十名以上）之正式會員構成，組織了六十七個都道府縣聯合會及十四個區域協議會，舉辦各式各樣的活動。

何謂血統證明書？

犬隻的血統證明書如同人類戶籍謄本的族譜紀錄一樣，上面記載了此犬爲純血統、隸屬於哪一犬種的證明，還有此犬雙親及祖先的參展紀錄等資訊。

JKC主要的服務內容

①犬籍的登錄與發行血統證明書。
②一年發行十期協會會報「家庭犬」。
③各犬種的研究與調查。
④一年舉辦超過三百五十次的犬展（展覽會），指導獎勵正確的飼育方法。
⑤舉辦各種訓練競技賽、狗狗美容大賽、指導手競技賽、障礙競技賽等比賽，致

犬展可分為單一犬種與所有犬種參加等不同的類型

人跟狗狗具有良好的信賴關係，才能遵照比賽規則通過障礙物。

柴犬為歷史悠久的日本犬，
與日本的景物十分搭調。

力於公共衛生的提升、優良犬隻的普及、指導獎勵犬隻的飼育。

⑥舉辦犬隻繪畫競賽、犬隻攝影比賽，發揚愛護動物的精神，教育人類愛護動物的情操。

⑦發行手冊等刊物。

⑧與國外的愛犬人士進行交流。

詳細介紹有關JKC所舉行的活動內容，或一年超過350次的犬展。

利用彩色照片清楚地介紹JKC的犬種登錄隻數或服務的內容。

●入會方法

在入會申請書上填寫住址和姓名，連同會費寄到各地設置的協會，提出申請即可入會，至於各地協會的地址請向本部洽詢。

●詳細的洽詢地址

本部／東京都千代區神田
須田町1丁目5番地
TEL：03-3251-1651～6
登錄、血統證明書
TEL：03-3251-1653
申請入會、登錄費用
TEL：03-3251-1655

●中華民國畜犬協會 KCC

高雄市三民區大昌二路471號2F
TEL：07-3892958

柴犬的標準

註：以日本犬保存協會的標準為主

耳朵

呈三角形稍小的厚耳，稍向前傾立；太靠近、太長或菱形耳，都不是標準的耳型。

頭部

額寬臉頰鼓脹，從額頭到嘴巴呈現出和緩的線條，但額段分明。以額段作比例的話，後頭骨上端到鼻端之間的長度對比以3：2最恰當。

背部和腰部

背部筆直有力，腰部具有一定寬幅，以強有力的筆直線條延展到臀部。

眼睛

呈三角形，眼尾微微上揚。眼睛為深茶褐色，大小和容貌十分協調、過圓、太小、太細或雙眼分得太開，都不是標準的眼型。

尾巴

粗壯有力，為捲尾或鐮刀尾（尾巴未捲曲，與背部平行伸展）。尾巴長度可達飛節部位，尾毛散開呈現粗渾圓感。

嘴巴

鼻樑筆直，嘴巴密實，帶點圓渾厚感。鼻頭溼潤有光澤，呈現黑色；褪色的紅鼻頭非標準的鼻型。

胸部

胸部深陷，肋骨適度展開；胸部的深度最好是身高的45～50%，胸部的橫切面呈圓卵形，前胸也要相當發達。

四肢

前肢的肩胛骨有適度的傾斜；後肢有力富有彈性，飛節強韌，腳趾緊密結實。

■原產地

日本。

■族群

根據小型（日本犬保存協會）、FCI（國際畜犬聯盟）的分類方式，隸屬於第五族群（狐狸狗&原始類型）。

■身高

公狗爲三十九·五公分，母狗爲三十六·五公分（上下差距可達一·五公分）。

■毛質與毛色

表層毛又直又硬，裡層毛柔軟叢生；毛色有紅、胡麻或黑色。

■外觀

外型簡單素雅，公的就像公的，母的就像母的，不論是體型或臉蛋，都能明顯區別出來。身高與體長的比例爲一百比一百一十，母狗體型較修長，骨骼緊密結實，肌腱也十分發達。

■性格

生性不膽怯，顯得恢弘有氣魄，個性率眞純情，對飼主十分忠心。

■動作與走路的樣子

動作輕快有勁，腳力有彈性。

社團法人 日本犬保存協會

自昭和初期就以保存日本犬為目標

日本犬保存協會的歷史

日本犬保存協會成立於昭和三年，爲日本最具歷史的犬種團體。其成立目的是爲了保護與保存與外國犬種雜交化日益嚴重的日本犬。

當時協會致力於保護勉強倖存於荒野間的七種純血種犬——秋田犬、紀州犬、柴犬、四國犬、北海道犬、甲斐犬和柴越犬（目前已經絕種），並於昭和七年開始登錄日本犬，昭和九年制定日本犬的犬種標準。昭和十二年被認可爲社團法人，到目前爲止仍戮力於日本犬的普及與保存。

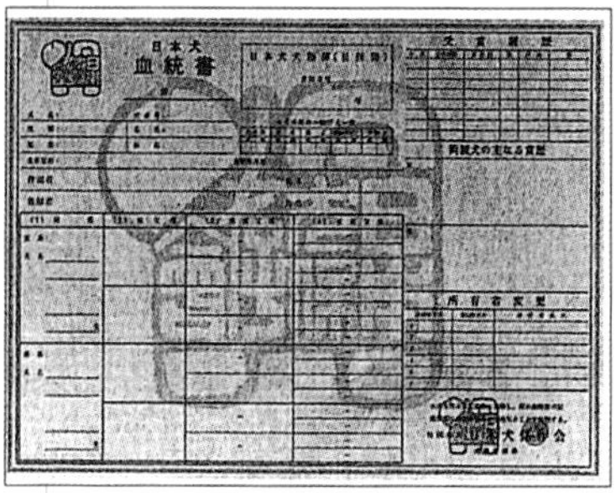

日本犬的戶籍名冊

日本犬保存協會主要的服務內容

①制定日本犬的犬種標準。

②整理日本犬的犬籍簿，發行日本犬的血統證明書。

③每年春秋兩季於本部和日本各地的五十個分部舉行展覽會；美國和台灣等有關團體也會派遣審查員參加。

④一年針對會員發行十期協會會報「日本犬」。

⑤指導有關日本犬的繁殖飼養或介紹優良的繁殖業者。

成為會員後，可獲得會員章，並免費收取有關日本犬的資訊會報。

●如何成為日本犬保存協會的會員？

不只是飼養日本犬的人，只要是喜愛日本犬的人都可以申請入會。

只要把入會費與會員費，連同申請書寄給有關單位，即可完成申請手續。

成為會員後，可免費收取會報，獲得有關日本犬的各種知識與資訊，也可以參加各項展覽或比賽。

●詳細的洽詢地址

本部／東京都千代區神田駿河台 2-11-1
駿河台日昇大廈 1 樓
TEL：03-3291-6035（代表號）

天然紀念物柴犬保存協會

致力於近似繩文犬之柴犬的純化與維持

再度呈現承繼繩文犬系統的柴犬

柴犬保存協會以重整面臨滅絕之繩文犬為目標，於昭和三十四年正式成立。

由柴犬保存協會保存培育的柴犬，具有額段淺、容貌輪廓分明、犬牙大、體型結實的特徵。

尤其牠那銳利的目光與充滿野性的靈敏身段，重現了原始犬的風貌。

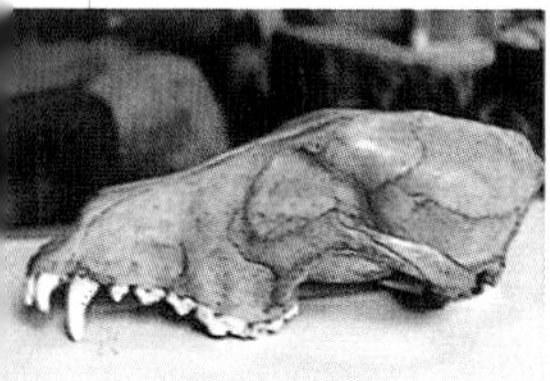

日本狼的頭骨

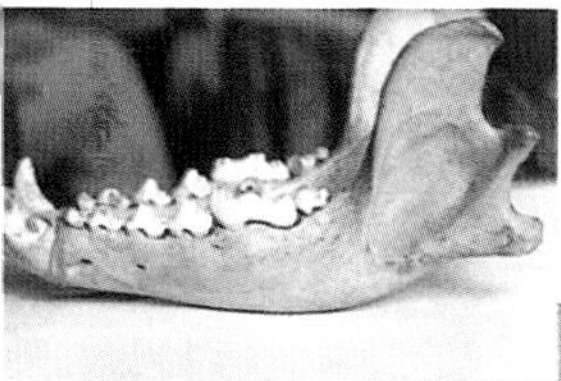

與天然紀念物柴犬保存協會的柴犬頭骨十分類似

鳳凰的雅王號

柴犬保存協會主要的服務內容

①研究柴犬的犬種標準。

②整理犬籍簿，發行血統證明書。

③每年春季兩次（東京展和秋田展）、秋季一次（東京展）舉行展覽會。

④在東京和秋田以外的地區，舉行鑑賞會。

⑤一年針對會員免費發行三期協會會報「柴犬研究」。

⑥指導有關柴犬的繁殖與飼養。

紅太郎黑龍（友山犬舍）

柴犬研究

天然紀念物柴犬保存協會

一年發行 3 期會報「柴犬研究」，上面詳細刊載有關展覽會的審查報告。

●入會方法

只要是喜歡柴犬的人，不管有沒有飼養柴犬都可以申請入會。

入會費為日幣 1000 元，年費為 3000 元。有很多會員對於交配對象的篩選，或幼犬的繁殖培育都相當用心。

●詳細的洽詢地址

事務所／東京都杉並區梅里 1-15-13-306

TEL：03-3311-5823

天然紀念物柴犬研究協會

運用現代科學致力於原始犬的研究

承繼了原始犬風貌的柴犬研究協會之幼犬，已經充滿了野性的氣息。

將繩文時代的犬隻科學化

柴犬研究協會於平成二年，由柴犬保存協會獨立出來，以保留繩文時代犬隻特徵——額段淺、體型修長、乍見之下充滿敏銳野性氣息的狗狗爲柴犬，致力於這類犬隻的保存與研究。

協會保有將近一萬隻柴犬的繁殖資料，針對柴犬的系統進行細密的研究，並於研究過程中加入科學化的觀念與數據，讓柴犬的保存與研究更爲紮實。

至於犬種的審查項目，雖制定了獨立的「審查標準」，但並非一成不變；以後很可能會因爲不一樣的研究心得或事實改變既有的「審查標準」——這種富有彈性的思考模式，也是這個研究協會的一大特色呢！

柴犬研究協會主要的服務內容

①研究柴犬的犬種標準。
②研究指導有關柴犬的繁殖管理與飼養。
③整理犬籍簿，發行血統證明書。
④發行有關柴犬的各種研究與報告書。
⑤柴犬的相關審查或指導手的任命。
⑥其他必要的服務項目。

從柴犬研究協會的會報與導覽手冊，可以了解協會的理想與柴犬特有的魅力。

●入會方法

只要是喜歡柴犬的人，都可以申請入會。入會費為日幣 1000 元，年費為 5000 元。會員除了定期免費收到會報「柴犬」外，還有各式各樣的特輯。

●詳細的洽詢地址

關東事務局／神奈川縣橫濱市戶塚區上矢部町 1724-27
TEL：045-812-2721
秋田事務局／秋田縣大曲市小友字堂前 119-5
TEL：0187-68-2976

國家圖書館出版品預行編目資料

柴犬教養小百科 / 吉田賢一郎 / 監修：中島真理 / 攝影；
高淑珍 / 譯. -- 初版. -- 臺北縣新
店市：世茂, 2004 [民 93]
面； 公分. --（寵物館；11）

ISBN 957-776-612-9（平裝）

1. 犬 - 飼養 2. 犬 - 訓練 3. 犬 - 疾病與防治

437.66 93006877

寵物館 11

柴犬教養小百科

監　　修：吉田賢一郎
攝　　影：中島真理
譯　　者：高淑珍
主　　編：羅煥耿
責任編輯：王佩賢
編　　輯：陳弘毅、李欣芳
美術編輯：鄧吟風、錢亞杰

發 行 人：簡玉芬
出 版 者：世茂出版有限公司
登 記 證：局版臺省業字第 564 號
地　　址：（231）新北市新店區民生路 19 號 5 樓
電　　話：(02)22183277
傳　　真：(02)22183239（訂書專線）
(02)22187539

劃撥帳號：19911841
戶　　名：世茂出版有限公司　單次郵購總金額未滿 500 元（含），請加 50 元掛號費
酷 書 網：www.coolbooks.com.tw
電腦排版：龍虎電腦排版公司
印 刷 廠：祥新印製企業有限公司
初版一刷：2004 年 5 月
十一刷：2016 年 9 月

定　　價：200 元